보통의 우리가 여행하는 법

머릿속을 간지럽히던

다짐을 꺼내다

글 김기호

사진 김기호 박인희

밤에 동물을 만나면 위험하지 않아요?

전혀요. 오두막으로 데리고 들어가지만 않으면 돼요.

중학교 2학년 때의 일이다.

새로 샀던 공책 표지의 그림을 무척 좋아했다. 언덕 위 망가진 수레바퀴 앞에서 내려다본 유럽의 어느 시골마을 전경이었는데, 그 당시 상당히 심각했던 중2병의 감성으로 주인공 한스에게 지나치게 감정 이입하여 읽은 헤르만 헤세의 『수레바퀴 아래서』의 마을 장면과 정확히 일치했다. 아니, 맘에 드는 공책 표지를 소설의 배경으로 삼았을까. 아무튼 그 공책을 결국 비밀스런 일기장으로 사용했고, 꽤 오래 간직했었다.

'여기 꼭 가보고 싶다. 분명히 인쇄된 어딘가의 풍경화일 텐데.'

중2는 항상 생각했다.

'이곳을 찾으려면 아주 많은 곳을 돌아다녀야 하겠구나..'

대학 졸업을 앞두고 나이에 걸맞게 누구나 고민하는 취업문제에 나역시 봉착했다. 오로지 '짧은 기간 돈을 최대한 많이 벌어 여행을 가자.'라는 중2 수준의 철없는 생각밖에 없었다. 나의 전공과 가장 어울리는 직업을 찾아 삼 년여 만에 시험에 합격했다.

그저 하루하루를 바쁘게 열심히 살았다. 세계 여행의 꿈이 점점 흐릿한 희망으로 변해 갈 즈음 천만다행, 나와 같은 생각을 가진 사람을 만났고, 결혼했다.

포르투갈을 거쳐 스페인을 신혼 여행했다. 바르셀로나의 2층 버스 위에서 뜨거운 햇살을 핑계로 잠시 잠든 인희를 카메라로 담으며, 인생 정말 즐.겁.게. 살아보자고 다짐했다. 그런다고 뭐 문제될 게 있는가?

물론 혼자였으면 엄두도 못 냈겠지만.

평범한 삼십 대의 삶과 다르지 않은 신혼 3년을 보냈다. 인희는 쉼표하나 없는 11년간의 회사 생활에 지쳐 있었고, 나 역시 나이 사십을 향한, 누군가가 정해 놓은 길 위에서 얻은 물집에 고달파하던 즈음, 머릿속을 항상 간지럽히던 다짐을 꺼내 놓았다.

"이제 떠나자, 우리"

이집트 요르단
케냐 탄자니아
잠비아 짐바브웨
남아프리카공화국
세이셸
아랍에미레이트

노르웨이
스웨덴
핀란드
발트3국
러시아

카자흐스탄
네팔
부탄
스리랑카
몰디브
싱가포르
그리고 한국

작은 신혼집을 내놓고 여행을 준비하기 시작했다. 기간은 막연히 1년 이상으로 정했다. 일 년을 넘게 여행한다는 것을 구체적으로 상상해 보지도 못했을 뿐더러 그게 가능한 일인지도 궁금했기에 그 이상의 계획을 세밀히 세운다는 것은 불가능했다.

막막했다. 우선 죽기 전에 가봐야 한다는 유명한 장소를 모아 세계지도에 표시하는 것으로 시작했다.

가장 보고 싶었던 두 가지 중 북유럽의 오로라는 10월에서 12월 사이, 그리고 남미 볼리비아의 우유니 소금사막은 1월에서 4월 사이에 가장 아름답다 하니, 10월에 출발하는 우린 동남아와 호주를 지나 태평양을 넘어 봄의 중남미를 여행하고, 여름 즈음 대서양을 건너기로 했다.

이렇게 하니 보통의 세계 여행과는 반대 경로가 되었다. 아시아 대륙을 넘어 유럽과 아프리카를 여행하는 것이 일반적인 세계 여행자의 경로인 듯하다.

여행 두 달 전인 8월, 우린 동시에 퇴사를 했다. 퇴사의 사유가 세계 여행이라니! 우리 인생에 이렇게도 통쾌한 사건이 또 있을까.

많은 것을 처분했지만 정든 차는 팔지 못했다. 언젠가 여행이 끝났을 때, 추억 외엔 아무것도 갖고 있지 않을 우리를 태우고 신나게 같이 달려주길 바라는 마음으로.

길지 않은 두 달의 시간 동안 맘에 드는 배낭을 사고, 배낭을 채울 각종 여행용품들에 대해 고민했다. 이게 과연 필요한 물건들일까. 다 들어가기는 할까. 너무 무겁지 않을까. 정말 필요한 게 무엇일까.

준비물을 하나하나 마련해 가면서도 무언가 허전했다.

그래, 바다! 바다여행을 위해서는 튼튼하고 편한 신발만큼 중요한 세계여행 준비물이 무엇일까.

몇 해 전, 인희와 필리핀 세부에서 '체험 다이빙'을 해 본 적이 있다. 아주 간단한 교육 후 보이지 않는 등 뒤의 누군가의 손길에 매달린 채 그야말로 바닷속을 체험해 보는 투어였다. 불과 몇 미터의 수심이었지만 태연했던 인희와는 다르게 난 사실 극한의 공포를 경험했다. 누구를 의지해야 하는지도 모른 채 배의 사다리를 통해 검은 물속으로 들어가야 했는데, 가슴이 너무 답답하다는 내 다급한 말은 누구도 듣지 않았다. 내 의지대로 아무것도 할 수 없는, 아니 심지어 숨조차도 편히 쉴 수 없는 인간의 나약함을 '체험'한 것이다.

당시에는 '극복해야 할 일인가, 안 하면 그만인 일일 뿐인가.' 하는 생각을 잠시 하고 말았었는데, 그랬던 스쿠버 다이빙이 이젠 우리에게 가장 필요한 준비물이 되었다.

출발 한 달 전 제주에 내려가 스쿠버 다이빙 자격증을 취득했다. 그리고 우린 여행길 중에 다이브 마스터가 되어 보기로 했다. 그간의 공포는 신기하게도 호기심과 갈망으로 뒤바뀌었고, 만물 주머니처럼 꽉 채워도 허전했던 우리 배낭이 그제야 든든해졌다.

그동안 주인 없이 비어 있던 양가의 원래 '우리' 방에 그간의 살림을 옮겨 무책임하게 우겨 넣었다. 그러던 중 발견한 어릴 적 사진들. 그리고 우리들의 아버지, 어머니의 여행의 흔적들.

아버지는 여름마다 경춘선에 삼남매를 싣고 어딘가로 다니는 걸 좋아하셨다. '피서'를 가서 땀을 줄줄 흘리시던 모습을 기억한다. 그리고 지금은 낮은 산 중턱에서, 경춘선 기찻길을 바라보고 계신다.

저 배낭이 얼마나 무거웠을까.

'제가 이제 그만한 배낭을 와이프와 메고 다녀야 해요. 무겁습니다. 아버지. 아빠.'

떠나기 전날 밤. 우린 당연히 잠을 이루지 못했다. 당분간은 없어도 될 시차를 미리 경험하며 이른 아침 대학 선배의 차로 인천공항으로 향했다. 낯설지 않은 요상한 감정에 휩싸였는데, 공항 도착 전에 감정의 정체를 알아냈다.

잠 못 들던 입대 전날 밤 그리고 입영열차를 타기 위해 청량리로 향하던 택시에서의 감정과 거의 같았다. 그날, 강원도로 먼 길 집을 나선 껌껌한 새벽, 안경 케이스를 놓고 와 서둘러 다시 돌아갔을 때 내 방에 앉아 계신 아버지의 들썩이는 등을 보고 조용히 그냥 돌아 나왔었다.

공항에서 어머니와 누나들, 조카들을 만났다. 여러 가지 안 해도 될 법한 사소한 농담을 주고 받고, 조카들과 장난을 쳤다. 그리곤 어색한 웃음기 띤 얼굴로 '마지막' 인사를 나눴다.

3. 캄보디아의 돌팔이 약사

우리에게 그나마 친숙한 동남아시아를 여행하면서 우리 안의 여행 세포를 깨우는데 주력했다. 낯섦에 익숙해져야 했고 15킬로 배낭의 무게에 또한 익숙해져야 했다. 물론 평생을 괴로워하며 갈고 닦은 우리의 영어 능력도 시험대에 올랐다.

베트남을 뒤로 하고 캄보디아 국경을 넘는 버스를 탈 즈음, 왼쪽 목과 얼굴이 조금씩 간지럽기 시작했다.

'뭐가 있나,,,'

"인희야 여기 뭐 앉아있어?"

"아무것도 없는데?"

'모기인가...머리카락인가..'

베트남과 캄보디아의 국경을 넘을 때였다. 어린 스페인 커플이 버스의 옆자리에 앉아 우리와 함께 왔는데, 커플 중 남자아이는 캄보디아 국경의 유료 화장실 입구에서 꼬깃꼬깃한 베트남 지폐를 한참 어렵게 헤아리더니, 우리 돈으로 10,000원 정도의 지폐를 냈었다. 아줌마가 그 지폐가 맞다며 낚아채는 통에 말리지 못했다.

'뭐, 이젠 베트남 돈이 필요 없으니까.'

예약한 숙소가 스페인 커플의 숙소와 가까웠다. 택시를 같이 타려 했으나, 여자가 무언가에 단단히 삐친 모양이다. 둘의 분위기가 좋지 않아 눈치를 보며 망설이다가 택시보다 값싼 2인승 툭툭을 잡아 탔다.

"저 커플 오늘 싸울 것 같아."

간지럽던 목의 절반에 물집이 생겼는데, 벗겨지기 시작하고 어깨까지 근육통증이 왔다.

씨엠립에 도착하자마자 약국을 찾아 Pub Street에 나갔다. 약국의 종업원이 내 목 상태를 보고 전염병이라도 마주한 냥 뒷걸음질 친다. 뒤에 있던 약사가 보더니 익숙하다는 듯 접촉성 성병으로 진단했다.

그럴 리가.

"그게 걸리면 어깨근육까지 아파요?"

"응. 면역력까지 떨어져서 심각해졌어. 자. 여기 약."

"확실해요?"

바르는 약과 알약을 대략 삼만 원어치 받아 나왔다. 바가지, 옴팡지게도 썼다. 병의 원인이야 어떻든 피부약과 영양제일 테니 증상이 호전되길 바라며 쑥과 마늘을 먹는 심정으로 며칠간 열심히 먹고 발랐다.

28달러를 주고 끊은 나타칸NATTAKAN 버스표를 들고 아침 일찍 숙소를 나섰다. 씨엠립에서 방콕까지 여덟 시간 정도 걸린다고 했다.

제일 앞자리를 받았는데, 버스 뒤쪽은 화장실 냄새가 진동했다. 화장실 근처에는 캄보디아인으로 보이는 사람들이 7~8명 정도 앉아 있었는데, 나중에 국경에서 출입국 신고를 위해 탑승자 모두가 내리고 탈 때 그들은 내리지도, 보이지도 않았다. 그리곤 도보로 출입국 신고를 하고 국경을 넘어 다시 버스에 올랐을 때 뒤쪽에 다시 그들의 검은 머리가 하나둘 나타났다. 빈 버스가 검색대를 통과해야 할 텐데, 그들은 어디에 숨어 검색을 피하는 것일까.

후에 그들은 국경 넘어 태국 어딘가의 대로변에서, 비장하고도 간단한 인사를 나누며 차례로 내렸다. 그들의 사연이 너무 궁금했지만 물어보지도, 기사와의 대화를 알아듣지도 못했다. 돈을 위해, 또는 우리와 마찬가지로 각자의 사정을 위해 위험한 여정을 감수하고 있으리라..

목 피부의 상태가 심해졌다. 허물이 모두 벗겨지고 통증이 너무 심해서, 버스에서 제공하는 밥도 먹지 못했다. 아니 통증보다는 이게 온몸으로 퍼지는 것이 아닌가 하는 두려움이 더 컸다. 배낭의 어깨끈이 계속 치댄다. 게다가 후덥지근한 날씨에 땀이 마를 날이 없으니 다 낫더라도 큰 흉터가 남을 것이 분명했다.

돌팔이 약사에게서 받은 약들을 원망스럽게 쳐다보다가 알약 두 알을 삼키고 연고도 열심히 바른 후 버스에서 내렸다.

"병원에 가는게 낫겠어."

국경을 넘으면 더 이상 필요 없을 캄보디아 잔돈을 필요한 사람들에게 쥐여 주었어야 했는데, 그럴 여유가 없었다. 입국 심사는 리턴 티켓이 없어도 어렵지 않았다.

"리턴 티켓?"

"말레이시아로 버스 타고 넘어갈 거예요."

"버스 티켓?"

"인터넷 유심이 없어서 예약을 못했어요. 미안합니다."

"태국엔 얼마나 있을 거야?"

"한 달 정도요."

"가 봐."

"화장실이 어디예요?"

"가."

방콕의 숙소 아주머니에게 병원이 어디 있는지 물었다. 태국의 작은 병원은 영 신통치 않으니 큰 종합병원에 가보라 한다. 두 곳의 병원을 알려주었는데, 병원비가 걱정이었다. 우리 여행자 보험의 보장 국가엔 태국이 제외되어 있었다.

카오산 로드에 있는 여행자 병원에 갔다. 작은 클리닉인데, 꽤 많은 여행자들이 가는 의원인 모양이다. 상태에 적잖게 놀란 의사는 감염이 되기 전에 빨리 치료를 받아야 한다며 거즈를 목에 감아준다.

'병원비가 문제가 아니구나.'

우릴 태운 택시가 태국 최고의 국립병원에 도착했다. 수속을 마치고 잠시 대기한 후 피부과 전문의를 만났다. 그녀는 나의 환부를 보자마자 벌레에 물렸다며 모니터를 나에게 돌려 요상한 벌레 사진을 보여준다.

"그 약들을 당장 버려. 다 헐었잖아. 그리고 절대로 멀리 가지 말고 낫지 않거나 더 심해지면 다시 와야 해."

새로운 약을 잔뜩 받아 온 우린 방콕의 숙소를 일주일 연장했다. 그리고 이곳에서 회복이 되면, 바닷가가 아닌 치앙마이로 가자고 인희와 이야기했다.

그날 새벽, 70년 동안 태국 국민들의 사랑을 받아 온 푸미폰 국왕이 그 병원에서 타계했다. 모든 방송이 국왕의 마지막 길을 중계했고 시끌벅적 하기로 유명한 카오산 로드도 한동안 음악을 멈추고 국왕을 추모하는데 열중했다.

우리의 방콕 숙소는 차오프라야 강 건너편에 있었다. 방콕의 이곳저
곳을 구경하다 저녁 늦게 숙소로 돌아오는 길에, 항상 앉게 되었던 싸왓
디캅 아저씨네 가게. 좋은 음악과 친절한 아저씨. 맥주를 주문하면 자전
거를 타고 다른 가게에서 사가지고 오셨다.

"아저씨는 우리 아빠를 닮았어요."
"목은 왜 그러니?"
"벌레에 물렸어요. 밉진 않아요. 벌레도 잘 살고 있는 거지요"
"그래 맞아, 감사하다."

4. 찰롱에서 만난 대사부님

방콕 후알람퐁 기차역에서 스페셜 익스프레스를 타고 열두 시간 넘게
걸려 치앙마이에 도착했다. 조용하고 평화로운 마을을 산책하며 병이 낫
기만을 바랬다.

유명한 장소는 여지없이 중국인들로 시끄럽다. 시간이 멈춘 듯한 이
작은 마을은 천적이 없어 야들야들했던 생명체 마냥, 단체 관광객들에게
는 한없이 취약해 보인다. 조용히 오래 머무르고 싶었지만 핑계삼아 배
낭을 다시 멨다. 더구나 우린 태국을 벗어나기 전에 해야 할 일이 있다.

다행히 나흘간 머무르는 동안 목 상처가 많이 아물었다. 간지럼도 덜
하고, 더 이상 퍼지지도 않았다. 강한 스테로이드 연고도 끊었다.

"이제 바다로 가자."

푸켓의 작은 부둣가 찰롱.

우리 다이빙 강사님의 스승이 찰롱에 계신다. 스승의 스승이니, 우리에겐 대사부 정도 되는 건가. 우린 평온한 이곳에서 대사부님을 통해 레스큐 다이버가 되었다. 그리고 시밀란Similan 국립공원에서 대사부님과 함께 생전 처음 리브어보드 다이빙도 경험했다.

큰 바다를 제대로 만났다. 익숙해지는 것 같으면서도 여전히 깊은 바다는 우릴 한없이 작아지게 했다. 지구 곳곳에서 제각각 다른 모습으로 우릴 기다리고 있을 바다들을 생각하니 잠시 두려움이 앞섰으나 이내 가슴이 벅차 올랐다.

'다음 여름 즈음엔 지구 어디선가 다이브 마스터가 되어 있겠지.'

5. 천국의섬 꼬끄라단과 일렉트로룩스

꼬 끄라단. 꼬^{Ko-}는 섬이란 말이니, 끄라단 섬이다.

숙소를 찾아보니, 섬 전체에 숙소가 일곱 개 밖에 없다. 우린 그중에서 가장 싼 2인용 방갈로를 잡았다.

찰롱에서 미니버스로 뜨랑까지, 다시 미니버스로 선착장까지 그리고 롱테일 보트로 꼬 끄라단까지. 만남을 쉽게 허락하지 않는 섬이다.

이 섬, 저녁 7시 이전에는 전기가 들어오지 않는다. 그나마도 끊기기 일쑤다. 수돗물은 짭짤한 바닷물. 전기도 민물도 필요 없는 너무도 작은 섬이다. 아니, 이 천국엔 전혀 어울리지 않는 것들일까.

수압이 약해 졸졸 흘러 나오는 수돗물을 물안경 통에 받아 서로 끼얹어 주어야 샤워가 가능했고 자기 전엔 눅눅한 침대에 드리워진 모기장의 구멍들을 옷핀으로 보수해야 했다. 당연히 빨래는 불가능했고, 먹을 만한 음식은 비싼 피자 정도.

지독히도 아름다운 섬이긴 하나, '휴양지'로선 빵점인 셈이다. 그러나 우린 5일 동안 이 섬에서 너무나 자유로웠으며 언제부터인지 우린 이런 불편함에 익숙해져 있었다. 앞으로 어떤 몸 고생이 우릴 기다리고 있을지 모를 일이니, 이 작은 섬에서 보고 느끼는 모든 것이 호사이다.

"근데 벌레는 참 적응이 안 된다."
"괜찮아. 쟤는 커서 못 들어올 거야."

4박 5일 내내 수영복을 입은 채 마스크와 스노클을 들고 근처의 섬으로 나갔다. 작은 롱테일 보트의 선장이 "여기야" 라고 얘기하면, 스노클 물고 뛰어내리면 그만이다. 아름다운 바다에 떠 한참을 헤엄치고 놀아도 선장은 낚시에 열중하느라 재촉하지 않았다.

몇 해 전 귀하고 짧은 휴가로 떠난 어느 작은 섬에서 이보다 아름다운 천국은 없을 거라며 둘의 입을 모았던 적이 있다. 그러나 그곳이 어디든 여행을 다짐하고 배낭을 메는 순간부터가 천국인 듯 싶다. 배낭을 메고 땀고생을 즐기며 신발 속 모래가 싫지만 않다면, 천국은 늘 거기서 우릴 기다리고 있다.

밤사이 버스로 태국 국경을 넘었다. 자다 깨길 반복하다 아침 일찍 도착한 말레이시아 쿠알라룸푸르.

갑자기 빌딩숲이다. 어제까지 전기도 잘 들어오지 않는 섬에서 수영 팬티만 입고 헤엄쳤는데, 오늘의 호텔방에 하얗게 번쩍이는 일렉트로룩스 세탁기가 있다.

화려한 도시와 어울리지 않는, 벌써 낡아버린 옷 몇 개를 버리고 에이치앤엠에서 서둘러 인희의 원피스와 나의 셔츠를 샀다. 그리고 밀린 모래소금 덩어리들을 하얀 일렉트로룩스에 밀어 넣었다.

대형 아쿠아리움을 구경했다. 바닷속에서 찾기 위해 애썼던 생명들이 투명한 수조에 가지런히 종류별로 가득 차 있는 것이 우리 맘엔 영 들지 않는다.

쿠알라룸푸르를 걷고 걸었다. '쿠알라룸푸르'가 '흙탕물이 합류하는 곳'이라는 뜻이라고 어디선가 들었는데, 다인종 도시답게 어디를 가든 시끌벅적하고 복잡하다. 다양한 음식과 화려한 밤. 이곳은 지갑이 얇은 우리와 같은 배낭여행자들에게 참 야속하다. 영수증들과 남은 돈을 맞춰보며 비로소 정신을 차리기 시작했다.

나흘간의 너무 짧은 호화생활.

매일 저녁 숙소에 돌아오면, 방 한 켠에 나란히 서 있는 배낭 두개가 무섭게 노려본다. 황홀한 페트로나스의 분수에 취해 배낭여행자로서의 분수를 잊었다.

6. 친구와 범프헤드

　인도네시아로 넘어오던 중 쓰고 있던 안경테가 예고도 없이 똑 부러졌다. 여분의 안경이 있지만 안경은 나에게 생명과도 같다. 꾸따 비치의 안경점에서 그럭저럭 괜찮은 안경을 찾았는데, 8만 원 정도. 언제나 속쓰린 예상 밖의 지출.

　인희의 오랜 친구가 발리에 왔다. 딸 둘을 안고 온 대단한 그녀. 타지에서 친구를 만나니, 우리가 떠나왔다는 것이 이제야 실감이 난다.
　네 명의 여성들이 마사지를 받는 등의 시간엔 혼자 맥주를 즐겼다. 난 간지러운 마사지가 싫다.

친구의 가족과 우붓으로 이동하는 길에 운전기사가 커피 농장을 구경하지 않겠냐며 숲이 울창한 시골길 가운데 내려 준다.

루왁 커피. 난 그저 커피나무 근처의 고양이 배설물을 주워다 만드는 커피인 줄로만 알았다. 몽구스를 닮은 이 가련한 동물을 철창에 가두어 사육하며 커피 콩을 먹이고 배설물을 받는다. 인간은 참 미련하고 잔인한 동물이다.

일주일을 같이 보낸 친구의 가족이 한국으로 떠나고 다시 둘만 남은 우린 발리 섬의 동쪽 바닷가 마을, 뚤람벤으로 이동했다.

숙소에 도착해 짐을 풀고 직원을 불렀다.

"다이빙이 하고 싶어."

"그럼~ 해야지. 오토바이 타고 따라와."

"오토바이 없는데 우리?"

"오토바이 있어야 되는데? 뒤에 타."

오토바이 두 대에 우리를 나눠 태우고 옆 건물로 이동하여 다이브 센터에 도착했다.

'옆 건물이었는데 왜 오토바이를…'

알고 보니, 뚤람벤에 오는 배낭여행자들은 발리에서 오토바이를 빌려 타고 이곳에 와서 다이빙을 즐긴 후 다시 오토바이를 타고 발리로 돌아가는 듯하다. 다이브 센터의 가이드는 낮이나 밤이나 센터 앞을 쌩쌩 달리는 여행자들의 오토바이들을 조심해야 한다고 신신당부했다.

꾸따 해변에서 예약한 봉고차로 구비구비 네 시간을 달려 이곳 뚤람벤으로 오던 중 오토바이와 사고가 났었다. 짠디다사 근처의 마을에서 갑자기 선 앞 차 때문에 우리 차가 급정지하고, 우리 뒤를 오토바이가 받았다. 다행히 크게 다친 사람은 없었지만, 여행 중 오토바이 사고 이야기는 어딜 가나 쉽게 듣는다. 이 후 뚤람벤에서도 두 번이나 사고를 목격한 후 우린, 여행 중 우리에겐 오토바이가 필요 없길 바랐다.

2박 3일간 총 일곱 번의 다이빙을 하기로 했다.

다이빙 비용이 무척 저렴한 뚤람벤. 다이브 센터에서 커다란 종을 요란하게 치면, 멀리서 소리를 들은 아주머니들이 각기 다른 종소리에 해당하는 다이빙 포인트에 충전된 공기통을 운반해 놓는다.

22살의 어린 다이브 마스터 '뿌뚜'는 가라앉기 위해 반드시 필요한 웨이트 벨트를 차지 않았다. 그리고 우리가 공기를 거의 다 쓰고 물 밖으로 나왔을 때마다 그는 공기를 4분의 3이나 남겼다. 궁금한 게 참 많은 뿌뚜는 죽기 전에 한국에 꼭 가보고 싶다고 했다.

"내일은 아침 6시에 바다에 들어가야 해. 재밌는 걸 보러 갈 거야."

　이튿날, 잠도 덜 깬 체 차가운 바다에 들어가자마자 마주친 범프헤드
피쉬 무리. 사람 만 한 크기의 물고기들이 이끼 잔뜩 낀 앞니를 드러낸
채 줄줄이 먼 바다로 출근하고 있었다. 그들도 이른 출근길이 귀찮은지
느릿느릿.

　우리가 바닷속에서 만난 가장 큰 물고기들이었는데, 마치 무중력의
우주를 둥둥 떠다니는 우주선 같았다. 심장이 입 밖으로 튀어나오려는
것을 간신히 막고, 생긴 건 그래도 산호에 붙은 작은 생물들만 먹는다는
뿌뚜의 말을 믿기 위해 애썼다. 얼굴을 마주칠 때면 자신이 더 놀랐다는
듯 꼼짝 않는 범프헤드들.

　바닷속은 언제나 경이롭다.
　'앞으로 어떤 바다들이 우릴 기다리고 있을까.'

발리섬 남쪽의 조용한 마을 사누르에서 동남아 여행을 정리했다. 사진과 블로그, 각종 서류와 예산 정리를 하며 큰 바다를 건널 준비를 했다. 앞으로의 여행은 동남아 여행과는 많이 다른, 가볍지 않은 여행이 될 것이기에 단단히 각오도 다지며.

야시장 구경을 하고 돌아오던 중 미용실에서 머리를 잘랐다. 서로의 머리를 사진으로 남기며 절대 누구에게도 공개하지 않기로 약속했다. 그리고 앞으로는 서로 이외의 다른 사람에게는 절대 우리 머리를 맡기지 않기로 했다.

지금까지 둘이 타지에서 먹고 사는 방법을 연습했다면, 이제부터가 진짜 배낭여행이다.

7. 애보리진과 그레이하운드

밤비행기가 호주 다윈에 내렸다.

늦은 밤 공항에서 택시를 타고 15분 정도 달려 숙소에 도착했다. 숙소 근처 음식점이 모두 닫아 우린 생라면 하나로 허기를 달랬다.

숙소 리셉션에서부터, 영어에 막혔다. 동남아 여행영어가 아닌 영어권의 영어를 처음 만났는데, 전혀 들리지가 않았다. 여행 전 열심히 연습한 영어회화는 쏘리를 연발할수록 위축됐고 그럴수록 더 웅웅 거리기만 할 뿐.

'우리가 영어를 이리 못했었나..'

아침에 일어나자마자 Mitchell Centre에 가서 유심을 샀다. 숨통이 트였다. 인터넷이 없이는 하루도 살 수가 없겠다. 당장 버스 정류장 가는 길도 모르니. 인터넷이 없던 때에는 어떻게 배낭여행을 했을까. 아, 지도를 펼쳤겠구나. 뭔가 낭만적이긴 하다.

끝이 없는 호주 대륙을 누비는 그레이하운드 버스에 배낭을 실었다.

"호주" 하면 떠오르는 것들. 광활한 대륙, 끝없는 사막, 원주민, 낮은 인구밀도, 캥거루, 영국인과 파이오니아.

그레이하운드는 내가 생각한 호주의 이미지와 정확히 닮았다. 호주 곳곳을 누빈다. 버스 바닥에 모든 짐을 싣고 트레일러를 달고 낮과 밤을 달린다. 원주민들도 가득 태우고, 이따금 운전기사를 바꿔 앉히며 캥거루 범퍼에 느껴지는 둔탁한 로드킬을 감내하면서 달린다.

사실 국내선 항공권을 잘 검색하면 가격차이가 많이 나진 않았지만, 우린 육로로 북쪽 끝에서 남쪽 끝까지 횡단해 보고 싶었다. 호주 최북단에서 정중앙에 있는 마을 앨리스 스프링스까지 장장 23시간이 걸린다.

이따금 담요를 온 몸에 두른 검은 부랑자들이 그레이하운드에 올라탄다. 여행자들 모두가 그들이 자신의 옆에 앉지 않기를 바라는 얼굴들이지만 자리가 없을 때는 어쩔 수 없이 옆자리를 내어 주어야 했다.

잘 씻지 못하니 당연히 체취가 심하게 날뿐더러 덩치가 매우 커서 버스 좌석이 좁기만 하다. 가끔 어린 아이들을 동반한 일가족이 탈 때면 매우 시끄럽고 정신이 없다. 호주 정부는 '복지'의 일환으로 그들이 자유롭게 이동을 할 수 있도록 장거리 버스의 무료 탑승을 '허락'했다.

애보리진Aborigine. 원주민이다. 이 광활한 땅의 주인. 4만 년 전부터 이 땅에 살고 있었다고 한다. 지금의 동남아 등지에서 뗏목을 타고 넘어왔다는 설이 있다. 처음 호주를 탐사한 영국인은 유인원이 살고 있다고 기록했는데, 넓적한 코가 매우 크고 팔다리가 무척 길기 때문이었다. 호주 땅이 영국 죄인들의 유배지로 선택되었고, 그렇게 백인들에 의해 개척되어지면서 아웃백으로 거처를 쫓긴 애보리진들은 불과 50년 전에, 호주 시민의 자격과 거주의 자유를 '받았다'.

아름다운 자연과 넓은 땅, 끝이 없는 천연자원. 그야말로 풍요의 땅이다. 애보리진 시인, 오저루 누누칼의 시에서처럼 '배가 부르면 더이상 사냥하지 않았'을, 부족함이 없는 땅.

유배되어 온, 코가 뾰족한 이주민들은 특유의 개척 정신으로 원주민들의 척박한 땅에 불과 이백여 년 만에 이런 국가를 만들어냈다. 지상 낙원이라는 말이 더없이 어울린다. 단, 더 이상 애보리진들이 담요를 걸쳐메고 길가에서 부랑하지 않는 사회를 만들 수 있다면 말이다.

아니 그보다 먼저, 침략자들은 그들에게 용서받을 수 있을까..

그레이하운드가 앨리스 스프링스에 도착했다. 타운에 내려 20분 정도 걸어가니 예약한 숙소가 나왔다. 저렴한 숙소를 찾다 보니 만난, 낡은 트레일러를 개조해서 만들어진 우리 방.

  삼 일짜리 울루루 투어에 참가했다. 정확히는 울루루, 카타추타, 킹스 캐년 투어이다.

  사흘 동안 우릴 태우고 다닐 투어차량이 아침 일찍 우리 트레일러 숙소 앞에 도착했다. 에어컨이 없는 아주 낡은 봉고차에 작은 트레일러를 달았는데, 트레일러를 열면 주방과 짐칸이 나타났고 그 위엔 침낭(swag)을 올렸다. 스위스인에서 모로코인까지 다양한 국적의 스무명이 올라타, 익살스럽고 간단한 자기 소개를 하며 서로의 이름을 익히는 것으로 캠핑이 시작되었다.

　단 한 개의 바위인 울루루의 둘레 9.4킬로미터를 한 바퀴 돌았다. 최
고온도는 42도, 필수 준비물은 한 명당 1.5리터짜리 생수. 중간중간의
표지마다 '살아남기 위해선 갈증을 느끼기 전에 물을 마셔라.'라고 써 있
다. 물이 동날 때 즈음이면 어김없이 급수대가 나오는데, 맛 없고 미지근
하지만 마셔야 한다.

　엄청난 더위와 강렬한 태양, 축축한 땀과 무거운 발은 걷는 이들로 하
여금 울루루에 대한 경외심을 느끼게 하는데 크게 한 몫 했다. 경이로움
과 숭고함은 육체적 고통과 더해져 형언할 수 없는 감정을 만들어낸다.

　가끔 '에어즈락Ayers Rock'이라는 호칭이 들린다. 발견 당시의 남호주
수상의 이름을 따왔다고 한다.

　아니. 울루루는 '울루루(ULURU)'이다. '그늘이 지난 곳'.

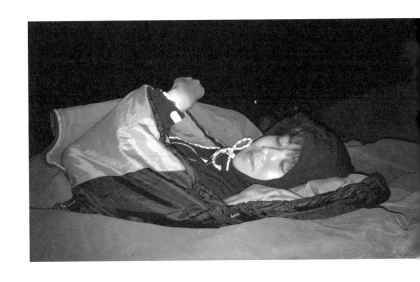

처음 외국인들과 단체 생활을 해 본 아시아인 두 명은 그들과 동화되고 싶었고 무엇이든 같이 하고 싶었다. 그러나 둘은 그러지 못했다. 거창한 문화적 정서 차이는 둘째 치고, 그들의 빠른 영어를 따라잡지 못해 답답했고 우리보다 더욱 답답해 하는 그들에게 미안했다.

한번은 저녁의 캠프파이어를 위해 모두가 나무를 꺾어 트레일러에 싣는 작업을 했는데, 대충 마무리 되어가던 중 한 명이 더러워진 손을 닦으라며 물티슈를 나눠줬다. 열심히 닦고 있는데, 여자 한 명이 자신은 모든 일이 다 끝나면 같이 닦겠다며 내 앞에서 거절했다. 무안했다. 빨개진 얼굴로 다시 남은 나무를 옮겼다.

또 한번은 모두가 저녁을 같이 만드는 중에, 우린 무얼 할지 몰라 그릇을 옮기며 우왕좌왕했다. 준비가 다 끝나자 항상 말 많던 백인아이가 손을 털며 아무것도 안 한 듯 보이는 우리에게 "Good work, ya?" 라고 크게 한마디 던지고 돌아섰다. 저녁식사가 편할 리 없었다. 제길.

시끌벅적한 무리 안에 항상 혼자 앉아 있는, 수줍음 많고 소극적이었던 모로코 친구가 있었다. 우리에게 동질감을 느꼈던 것일까. 그는 항상 우리 곁에 머무르며 거창한 세계 여행 계획을 듣고 싶어 했다. 마지막 날 꼭 다시 만나자며 우리에게 아프리카 여행에 관한 정보들을 적어주었다.

다시 그레이하운드에 배낭을 실었다.

남쪽 끝 애들레이드를 향해 21시간을 달렸다. 낮엔 끝없는 광야와 사막, 밤엔 칠흑같은 어둠 뿐이다. 이따금 눈을 반쯤 열어 구글지도를 새로고침할 때마다 작은 점이, 그레이하운드가, 우리가 조금씩 조금씩 움직인다.

우리가 살아 움직이고 있다.

8. 캥거루와 첫번째 크리스마스

자신들의 집에 한국인 손님은 처음이라는 Stacey와 David는 우릴 가족처럼 대했다. 애들레이드의 모든 볼거리를 보여주고 싶어 하는 그들 덕에 어렵지 않게 관광을 했다.

"애들레이드에 왔으면 동물원에 꼭 가야해."

먹이를 부스럭거리니, 망설이다 어미 곁을 잠시 떠나 다가온 녀석.

어쩌면 그간의 여행 중 가장 감동적인 순간이었던 듯싶다. 만나기 전까진 캥거루는 그저, 자궁이 없어 주머니에 조산을 하고 생각보다 크고 근육질이며 잘못하면 펀치를 얻어맞을 수도 있는 호주에만 사는 동물로 알고 있었을 뿐, 고래나 알바트로스처럼 매우 만나고 싶은 동물은 아니었는데. 똥그란 눈을 크게 뜨고 주둥이를 손바닥 위에 올린 채 꼬물거리는 느낌을 잊을 수가 없다.

멜버른까지 오랜만의 비행을 했다.

"너는 분명 멜버른을 사랑하게 될 거야."

울루루 투어를 같이 한 영국 사진작가 아저씨가 남동쪽으로 이동한다
는 내게 한 말이다.

사랑스럽다. 멜버른은 누군가가 유럽의 어느 아름다운 나라를 작은
직사각형 모양의 트램 철길 안에 꾸깃꾸깃 모두 집어 넣은 느낌이다.

거리 곳곳에서 크리스마스 캐롤이 울려 퍼진다.

'곧 우리 여행 속 첫 번째 크리스마스구나.'

시드니의 서리힐에서 일본인 여자의 방을 빌렸다. 휴가를 떠난다며 자기 쓰던 방을 내어줬는데, 건물에는 옆방의 브라질 남자와 매일 얼굴이 바뀌는 그의 여인들 외에는 사람이 없어 아주 편하게 쉬고 주방을 우리집 부엌처럼 썼다.

다만, 오래된 건물이라 방음이 잘 되지 않았다. 옆방의 사랑 소리가 매일같이 울려 퍼질 정도로.

"캐롤 같다. 그치?"

방 주인은 자신의 브라질 애인이 매우 친절하니 그에게 어떠한 도움도 망설이지 말고 청하라 했었다.

크리스마스 날. 아름다운 성 마리 대성당 앞에 고개를 들고 선 인희의 눈이 벌겋다.

"다음 크리스마스엔 우리 어디에 있을까?"
"산타 할아버지 만나러 가자."
"핀란드에 사시나?"

9. 안녕, 뉴질랜드

태평양을 건너는 멕시코행 비행기를 미리 끊었다. 가장 저렴한 비행기편을 고르다 보니, 뉴질랜드 여행에 단 열흘만 허락되었다.

오클랜드 공항 안에서 새해 첫날밤을 지새우고 섬의 곳곳을 떠도는 Naked Bus(왜 이름이 Naked Bus인가!)로 북섬 여행을 시작했다.

로토루아의 울창한 붉은 나무 숲을 산책했다. 이 사람들, 50년 전부터 나무 참 열심히 심었다. 우리는 그때부터 베어 내기 위해 급급했었는데. 불과 십여년전에도 우린 좁고 귀한 땅과 강에 되돌릴 수 없는 어리석은 짓을 저지르지 않았는가. 우리 인간을 위한 어쩔 수 없는 행동이었다고 자위하며, 빠르고 단단한 부메랑을 얌전히 기다릴 수밖에 없는 우린 그저 애처롭기만 하다.

타우포^{Taupo}의 영화관. 멀티플렉스가 필요 없는 아담한 마을에 어울리는 아주 작고 낭만적인 극장이다. 한국에서도 한참 유행 중인 로맨스 영화를 볼 수 있었으면 훨씬 낭만적이었겠지만 상영시간이 맞지 않았다.

그렇게 선택된 애니메이션 영화.

마침 뉴질랜드에 와서 폴리네시아의 전설, 마우이를 만났다. 영화 대사 또한 우리의 영어실력에 맞춰준 듯한.

"Let me know, whats beyond that line. Will I cross that line?"

우리도 그 선을 넘을 수 있을까..

남섬의 픽턴으로 가는 웰링턴 페리 선착장에서 픽턴 근처에 산다는 한국인 모녀를 만났다. 얘기해 보니 한나 엄마는 나와 동갑이다. 남섬 여행에 관한 풍성한 정보들을 얻고 내리기 전, 그녀의 집주소가 적힌 노랗고 따뜻한 편지 한 장을 받았다.

'만나서 반가웠어요. 여행하면서 예상하지 못한 일도 많이 생길 텐데, 좋은 추억만 가득 만들길 바래요. 혹시 도움이 필요하면 연락 줘요. 북섬 가기 전에 시간되면 와서 밥 먹고 가요. 빈말 아니에요. 샤워라도 시원히.. 텐트에서 자도 돼요 ^^'

30만 킬로를 넘게 주행한 오래된 일본 자동차를 끌고 남쪽 끝 테아나우^{Te Anau}의 숙소까지 서해안을 따라 너무나도 매력적인 1,050킬로를 달렸다.

서해안을 따라 내려왔으니, 동쪽 길을 따라 올라가기로 했다. 크라이스트 처치에 들른 후 픽턴 근처의 한나 엄마네 집에 들러 못다한 감사 인사를 하고 예약해 둔 픽턴 항의 페리에 차를 싣기로.

크라이스트 처치를 지나니 얼마전 있었던 강진의 흔적들이 나타나기 시작했다. 그제서야 지진 때문에 길이 끊겼으니 조심하라고 당부하던 한나 엄마의 말이 떠올랐다. 울퉁불퉁한 비포장 우회도로가 간간히 나타나더니 카이코우라Kaikoura라는 마을 조금 더 가서 결국 길이 끊겼다.

그때까지 사실 우린 그리 심각하게 생각하지 않았다. '길이 끊겼으면 다른 길로 가면 되겠지.' 하는 막연한 생각으로.

'두 시간 정도만 더 가면 되는데..'

도로를 막고 있는 직원에게 돌아가는 길을 물었다. 우리가 여태 온 길을 알려준다. 다시 온 길을 돌아가라는 말인가. 어디까지.

카이코우라로 돌아가서 까페의 직원에게 다시 길을 물었다. 인터넷을 검색하더니 역시 돌아가는 방법밖엔 없다고 한다. 동해안 길이 다 막혔다고. 다시 돌아가면 일곱 시간이 걸리고 예약한 마지막 페리를 타지 못한다.

북섬에 올라 웰링턴에서 쉬지 않고 운전하면 오클랜드 공항까지 11시간 걸리는데 다음 날 오전 배표도 이미 매진이다. 그렇다면 미리 결제해 놓은 비싼 멕시코 비행기를 잡지 못한다.

눈앞이 캄캄했다. 지푸라기라도 잡는 심정으로 인희가 한나 엄마에게 전화를 했다.

시간은 흐르고. 담배 두 개비를 연달아 피우는 중에 한나 엄마에게서 다시 전화가 왔다. 지도상으로 여섯 시간 걸리는 산길이 있는데 다른 방법이 없다고. 페리시간까지 남은 시간은 세 시간. 불가능하다.

웹사이트를 뒤져, 우리가 예약했던 페리보다 작은 배에 자리가 있는 것을 발견했다. 새벽 두 시의 마지막 배. 차를 실어야 하니 최소한 40분 전엔 가야 하고, 그럼 남은 시간은 여섯 시간. 평균 시속 100킬로로 구비구비 빛 하나 없는 칠흑같은 산길을 쉬지 않고 여섯 시간을 달려야 산술적으로 도착이 가능하다.

다른 방법이 없던 우린 '평균 시속 100킬로로 구비구비 빛 하나 없는 칠흑같은 산길을 쉬지 않고' 달렸다. 상향등을 켜고 앞유리에 바싹 붙어 쉬지 않고 달렸다. 유턴에 가까운 커브길에선 속도를 이기지 못하는 낡은 뒷 타이어가 양 옆으로 미끄러졌다. 천 길 낭떠러지들을 그렇게 여섯 시간을 달렸다.

그토록 기다리던 망할 주유 경고등이 켜졌다. 그리곤 60킬로미터 정도를 더 달렸다. 새벽 한 시 즈음 되니 저 멀리 아랫동네의 항구 불빛이 보인다. 주유 경고등이 마지막 점멸신호를 보내고 있었다. 계속 내리막이다. 기어를 중립으로 놓고 모든 저항을 없앤 채 중력에 모든 걸 맡겼다. 그렇게 가까스로 노아의 방주에 올랐다.

웰링턴항에 내리자마자 렌터카 사무실로 가서 문열기를 기다렸다가 차를 반납해 버렸다. 차량 반납장소가 예약내용과 달라도 너무 달랐는데도 다행히 추가요금은 없었다. 급히 오클랜드까지 가는 버스표를 끊고 좌석에 앉으니 모든 긴장이 풀리면서 몸이 욱신거렸다.

10. 길 잃은 배낭 한 개와 멕시코

　뉴질랜드 오클랜드 공항에서 에어뉴질랜드를 타고 샌프란시스코로, 샌프란시스코에서 아에로멕시코를 타고 멕시코시티까지 가는 여정. 경유지인 샌프란시스코에서는 세 시간의 여유가 있었다. 배낭을 다시 찾아 체크인해야 하지만, 딜레이도 없었으니 세 시간이면 충분하겠다고 생각했다.

　샌프란시스코 공항 입국수속 줄이 어마어마하게 길었다.
　'어휴. 한 시간 정도 걸리겠네.'

줄이 줄어들지 않았다. 방금 도착한 한 일본인 가족이 '쏘리, 쏘리'를 연신 속삭이며 앞으로 지나갔다. 줄 제일 앞의 아시아계 세관원에게 무언가 말하더니, 바로 입국심사를 받고 빠져나갔다.

"저 가족은 경유 시간이 엄청 짧은가 봐."

한 시간을 서 있었는데도 줄이 그대로다. 이대로 기다렸다간 늦을 수도 있겠다 싶어 '쏘리, 쏘리'를 연발하며 앞으로 가로 질러 그 세관원에게 다가갔다.

"커넥션 비행기를 타야 해요. 빨리 들어갈 수 있어요?"

"당장 줄로 다시 돌아가."

"우리처럼 급한 사람들이 방금 들어갔잖아요."

"Go into the queue!!"

'아니 왜 화를 내지..'

입국심사를 마치고 뛰었다. 이륙 1시간 10분 남기고 아에로멕시코 창구에 도착했는데, "closed".

인포메이션 직원한테도 별 도움을 받지 못했다. 난감해지기 시작했다. 연결편이 다른 항공사니 다음 비행기를 탈 수도 없다. 다음 멕시코시티행 아에로멕시코 비행기는 12시간 뒤인 밤 11시. 기다렸다가 체크인 창구가 열리면 때를 써 볼까 생각했지만, 거절된다면 시간상 더 난감해지겠다 싶어, 아깝지만 다른 비행기표를 검색했다. 유나이티드 항공으로 24만 원짜리 멕시코시티행 2시 비행기가 두 좌석 남아 있었다.

공항 와이파이로는 보안문제 때문인지 카드 결제가 되지 않았다.

그때 우리를 보고 있던 유나이티드 항공의 직원이 자기가 해주겠다며 손짓을 한다. 명찰의 성이 'Oh'인 것을 보니 한국계인 듯하다.

직원 컴퓨터로 조회하더니 지금 비행기가 있고 220불인데 타겠냐고 한다. 우리가 사려고 했던 그 좌석, 그 가격이다. 아에로멕시코를 놓친 것은 아깝지만, 좋은 차선이므로 카드를 내밀었다.

서둘러 배낭 두 개를 체크인하고 뛰었다. 게이트 앞에 앉아 숨을 몰아쉬며 결제 내역을 확인하기 위해 공항 와이파이를 연결했다.

총 4,520 달러가 결제 승인되어 있었다!

항공사 라운지에 들어가 이야기하니 직원이 깜짝 놀란다. 샌프란시스코에서, 가까운 멕시코시티까지의 표 값을 240만 원을 주었으니! 직원 실수가 확실하니, 다시 체크인 창구로 뛰어가서 환불하라는 말에 검색대를 거꾸로 통과해 그 'Oh'를 찾아가, 결제가 잘못됐다 했다.

되려 화를 내며 자신은 분명히 2천 달러라고 했다고 한다. 어이가 없어 우리 목소리도 높아졌다. 누가 그 거리를 그 가격에 끊겠냐며.

그러니, 손바닥으로 책상을 치며 둘 중 하나를 선택하라 한다.

"그래서 갈 거야, 안 갈 거야!?"

그 사이 탑승시간은 지나버렸고 표를 취소했다. 화를 내도 나아질 방법이 없으니 할 수 있는 것이 없었다.

문제는 이미 체크인 된 배낭 두 개. 'Oh'는 1층으로 내려가 수화물 벨트에서 기다리라 한다. 들어간 게 다시 나오려면 4시간 걸린다며.

기다렸다. 그 사이 다른 비행기표를 계속 검색했지만 짐이 언제 나올지 모르니 결제할 수도 없었다. 두 시부터 계속 항의하며 새벽 한 시까지 기다렸다. 컨베이어 벨트의 직원은 내일 아침에 다시 오는 게 어떻겠냐며, 내가 종이에 그려준 배낭 모양이 계란 스시 같다고 했다.

씩씩거리며 'Oh'를 다시 찾아가 보니 퇴근했단다.

공항 2층 문이 닫힌 까페의 의자에서 인희에게 잠을 청했다. 잠이 올리 없다. 이 거지같은 모든 상황이 이해가 되질 않았다.

흡연구역에서 담배를 피우고 있는 사람에게 1달러를 내밀고 담배 한 개비를 얻었다. 그러자 불쌍했는지, 옆의 남자가 몇 개비를 건네준다. 세 개를 연달아 피우니 머리가 지끈거렸다.

모든 것이 들어있는 배낭들 없이는 여행을 계속 할 수 없다. 인천행 비행기표를 검색했다. 야속하게도 너무 비싸다. 오기가 생겼다.

"그냥 멕시코로 가 보고 없으면 그때 집으로 가자."

배낭 하나가 점심 즈음 벨트에서 굴러 나왔다.

아에로멕시코 창구로 가서 어제부터 벌어진 상황을 설명했다. 불쌍해도 이렇게 불쌍한 손님이 있을까. 다른 항공사의 비행기로 왔고, 표도 어제 놓친 표였지만, 약간의 생색과 함께 새 보딩패스를 내어 주었다.

그렇게 텅텅 빈 멕시코행 비행기를 탔다.

멕시코시티 공항 터미널은 두 곳이다. 셔틀버스를 타고, 우리 배낭이 도착했을(지도 모르는) 다른 터미널로 이동, 검색대를 거꾸로 통과 후 여러 개의 컨베이어 벨트 주변을 마약 탐지견 마냥 샅샅이 뒤져, 주인을 기다리는 짐들 속에서 드디어 나머지 계란 스시 한 개를 찾아냈다.

멕시코시티의 한인 민박에 짐을 풀자마자 그간의 여독이 한꺼번에 몰려 왔다. 난 고산증세인지 몸살인지 모를 두통과 콧물감기, 설사를 한꺼번에 앓았다.

숙소를 거치는 많은 한국인 배낭 여행자들과 어울렸다. 하나같이 멋진 사람들. 마음을 활짝 연 채 생각을 비우고 긴 여행길에 오른 사람들의 공통점인가, 모두가 모두를 포용하고 포용한다.

여행을 준비하면서 각종 블로그, 까페에서 정보를 수집하는 동안, 세계 각처에서 한국인 동행을 구하는 '구인정보'를 무수히 많이 보았다. 그 당시엔 이해하지 못했다.

'왜,, 그 멀리까지 가서 한국인 동행을 찾는 걸까.'

마음이 열린 낯선 이와의 예상치 못한 동행은 먼 땅에서의 여행길을 풍요롭게 만든다.

많은 것을 보고 느끼고, 여행이 끝나서도 지난 여행길을 되새김질하며, 지루하고 평범한 삶을 아름다웠던 여행길의 기억으로 포장하는 것이 여행의 목적이 아닌가. 각자의 여행 안에서 같은 장소의 기억을 서로 다르게 추억하고, 그 추억을 공유함으로써 더 큰 즐거움을 얻을 수 있다. 그렇다면 동행은 분명 좋은 일이다.

물론 언제나 예외는 있다. 간혹 원치 않는 동행을 피하지 못할 때가 있다. 세상의 모든 여행자가 마음을 열고 다른 여행자의 수고를 안아 주길 바라는 것은 욕심이다.

'냉정한 여행'을 해야 하는 이유이다.

사실 우린 여행동안 그리 냉정하지 못했다. 작은 손해도 감수하지 않으려는 동행을 만나, 속상함에 상처를 받기도 했다. 우리가 베푸는 호의가 인정받지 못할 때면 야속한 마음에 선을 긋기도 했다.

뒤돌아보니 그러한 만남들 또한 여행의 일부였으며, 냉정하지 않은 마음이 초래한 당연한 대가다. 동시에, 어떠한 동행이었건 잠시나마 같이 걸어준 인연에게 감사한 마음이다.

우리는 다른 여행자들에게 '좋은' 동행이었을까. 혹여나 우리로 인해 상처를 받은 여행자는 없을까. 있다면 그들이 우리를 너그러이 용서했기를 진심으로 바란다.

그 유명한 과달루페 성모. 최초로 발현하신 성모이다.

특이하게도 황인(인디언)의 얼굴에 검은 머리를 갖고 있다. 1531년, 후안 디에고라는 자가 과달루페뱀의 머리를 짓밟으신 분 성모를 만났고, 그곳에선 피지 않는 장미를 망토에 한아름 담아와 펼치니, 망토에 성모의 형상이 나타났다 한다. 실제 그 망토가 멕시코시티의 과달루페 성모 성당에 걸려 있다.

이 기적으로 인신공희(산 사람을 제물로 바치는 의식)를 하던 멕시코에 카톨릭이 빠르게 포교 되었고, 과달루페 성모는 현재도 멕시코인들의 정신적 요람이자, 남미 대륙의 보호자로 여겨진다.

이 오백 년 전 이야기의 진위에 대해 의견이 분분하지만, 적어도 아메리카 대륙의 포교 역사에 있어서 결정적이며 기적적인 일이었음은 틀림없는 듯하다.

　디에고 리베라의 벽화에서처럼, 콜럼버스가 신대륙을 발견한 이래 유럽인들과 원주민의 갈등의 끝은 포교였다. 포교에 성공해야 '발견'이 정당화되고 완성된다.

　깃털이 난 뱀을 숭상하고 인신공희를 하는 멕시코 원주민들에게 서양의 카톨릭은 받아들여질 리 만무했을 것이다. 때마침 인디언 형상의 과달루페 성모가 발현하셨고, 그 기적의 징표로 인해 수많은 원주민들이 입교하였다.

　유럽과 다른 대륙 간의 침략과 포교의 역사에 대해 어떻게 해석을 해야 하는지 진지하게 고민했던 적이 있다. 내가 가진 종교와 진로에 관해 혼란스럽기만 했던 사춘기 시절.

　'우리가 살아가는 이 땅의 오랜 주인들은 힘이 없고 무지한 이유로 결국 '계몽'된 것일까.'

칸쿤 공항에 미리 와 기다리던 Y를 다시 만났다. 멕시코 시티 한인 민박집에서 만났던 동생.

에메랄드색 캐리비언 바다를 품은 지구촌 대표 럭셔리 휴양지이지만, 우리 셋은 우리 처지에 맞는 침대 하나에 만 원짜리 호스텔에 묵었다. 아니 왜, 중남미의 화장실엔 변기커버가 없는 것인가. 하나같이 커버가 제거되어 있다. 공중 화장실은 그렇다 쳐도 호스텔엔 있어야 하지 않나.

큰 일을 치룰 때면 힘이 빠져가는 하체가 야속하다. 나름 버틴다고 버티지만 이내 웃으며 더러운 변기 위에 주저앉고 만다. 물어보니 누가 떼어간 지 꽤 되었다고. 각종 도난에 대비하는 것에 익숙해져야 하는 중남미라지만, 변기커버까지 뺏고 빼앗기는 생활이라니.

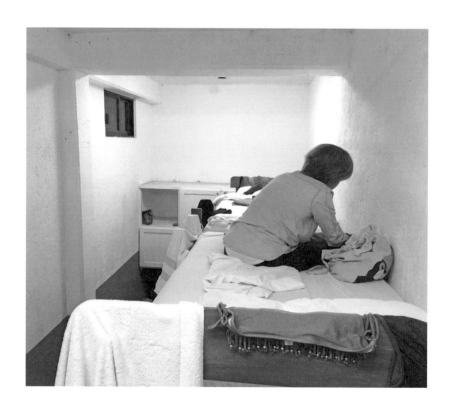

만 원짜리 침대 위에서 우리 셋은 할인행사로 1박에 45만 원이나 하는 호텔을 결제해 버리고 말았다. 셋으로 나누니 다행이며, 언제 또 칸쿤에 와 보겠냐는 말로 서로를 북돋으며.

무료 술, 무료 식사로 본전을 뽑아보자고 셋이 다짐을 하며 배낭을 메고 당당히 올인클루시브 호텔에 들어섰다. 짐을 풀자마자 바에 내려가 위스키와 칵테일을 들이킨 후 세비체를 접시에 잔뜩 담아들고 나와 에메랄드색 프라이빗 비치에 몸을 던졌다.

고단한 배낭 여행 속 단 하루의 유쾌한 과소비. 당분간은 배고프게 생활해야 하겠지만 누구에게도 후회는 없었다.

다시 오지 않을 순간처럼, 우리 셋은 술과 음식에 취했다. 서로에 대해 자세히 알고 싶어했고, 곧 헤어져야 한다는 사실에 애써 더 크게 웃었다. 불과 며칠만에 동생과 깊은 정이 들었다. 담배를 꺼낼 때마다 잔소리를 해 주는 사람이 한 명 더 늘었다.

"여름에 이집트로 오지 않을래?"
"그래, 이집트에서 만나자 우리. 근데 왜 이집트야?"
"그냥 이집트가 떠올랐어."
"한국 가면 꼭 다이빙을 배워야 해. 반드시."

　동생이 떠났다. 우리도 배낭을 다시 메고 다시 걸었다. 원래 우리 둘
뿐이었다는 듯이.
　'여행길에서 다시 만날 수 있을까.'

　플라야 델 까르멘에서 콜렉티보 봉고를 타고 간 아쿠말 비치에서 바
다거북을 원 없이 만났다. 해변에서 조금만 헤엄쳐 나가면 믿을 수 없을
만큼 많은 바다 거북을 볼 수 있는데, 접촉은 엄격히 금지된다. 이곳 뿐
아니라 어디서든 바다거북을 손으로 만질 수는 없으니, 어릴 적 꿈이었
던 바다거북 타고 바닷속 여행하기는 영원히 이룰 수 없게 되었다.
　역시나 스노클링은 뭔가 부족하다. 우리에겐 훌륭한 부레가 있지 않
은가. 공기통이 필요했다.
　"다이빙 하러 가자."

멕시코의 유카탄 반도에는 무려 삼천 개가 넘는 세노테^{cenote}가 있다.
석회암 지반이 무너져 내려 생성된 싱크홀이다. 다이빙 할 수 있는 유명
한 세노테들을 그냥 지나칠 수 없으니 플라야 델 까르멘의 한 다이빙 센
터에서 약간의 흥정 끝에 이틀간 다섯 곳의 세노테 다이빙을 하기로 결
정했다.

세노테 다이빙은 다이버들에게 로망과도 같지만 다이빙 환경에 있어
약간의 논란이 있다. 천정이 막힌 지형이 많아 초보 다이버들에겐 다소
위험할 수 있어 지형에 따라 추가적인 다이빙 자격이 필요하다는 의견이
많은데, 멕시코에서는 그러한 규칙이 아직 없다. 게다가 원활한 장사를
위해 까다로운 자격 확인 절차를 거치지 않으니 다이버 스스로 안전을
챙겨야만 한다.

영롱한 카리브해를 그냥 지나칠 수 없었던 우린, 이왕 몸을 적셨으니 페리를 타고 칸쿤 앞바다의 여인의 섬Isla Mujeres에 들어가 스쿠버 다이빙을 계속했다.

멕시코 하면 타코 이야기가 빠질 수 없다. 매일 저렴한 가격으로 우리 배를 채워 주었던 타코들. 소고기, 돼지고기, 닭고기, 곱창 등의 다양한 재료를 가게마다 다양한 식감의 토르티야에 아낌없이 얹으면 이보다 훌륭한 음식이 없다. 가끔 배탈이 나기도 하지만.

우린 빨갛게 양념해 구운 돼지고기에 아보카도를 얹은 단돈 삼백 원짜리 타코를 가장 좋아했다.

매력 넘치는 정든 멕시코를 떠날 시간.

체의 나라, 쿠바로 간다.

안녕, 멕시코.

11. 아! 쿠바

아바나 공항에 도착해 짐을 찾고 환전을 했다. 당연히 미국 달러는 쓰지 않고 캐나다 달러나 유로를 많이 사용하는데, 우린 남은 멕시코 페소를 이용해서 택시비 정도만 환전했다.

쿠바. 50여년 전 미국과 국교 단절 후 북한 마냥 고립된 국가이다. 럼과 시가, 그리고 체 게바라와 사회주의 혁명, 카스트로의 국가 정도로만 알고 있던 우리가 쿠바에 발을 딛었다.

거의 모든 차가 옛날 영화에서나 봤던 올드카. 문도 잘 안 열린다. 거친 엔진소리와 함께 심장이 뛰기 시작했다. 아바나의 중심가인 까삐똘리오El Capitolio까지 15쿡에 흥정.

한국인과 일본인들에게 아주 유명한 호아끼나 아주머니의 까사에 짐을 풀었다. 인터넷이 없는 세상이니 여행 정보를 얻기가 쉽지 않은데, 이곳에 오면 쿠바 여행에 관한 모든 정보를 얻을 수 있다.

아바나는 변화를 갈망하는 사람들의 심장소리만큼 경적소리와 매연으로 요란하다. 성조기 티셔츠를 입은 사람들, 올드카에 붙은 성조기 스티커. 아이폰을 향한 눈빛들. 시나트라의 음악이 간간이 들리기도 한다.

쿠바는 변화를 기대하고 있다. 사회주의를 선택한 대가로 배로 세 시간 거리의 미국에 의해 봉쇄되었고 발전하지 못했다.

사회주의는 실패했다. 물론 그동안 그들이 얼마나 행복했는가는 또 다른 문제이다. 자본주의도 아주 긴 기간 동안 실패 중이다. 실패를 감추기 위한 거대한 쑈에 우리 모두 속은 척 하며 사는 중이다.

그들이 고립되어야 할 명분은 없다.

식민의 지구촌 역사 덕에 어느 나라를 여행하든 유사한 느낌의 국가가 있기 마련인데, 신기하게도 쿠바는 어디서도 경험하지 못한 정취를 느꼈다. 언어 외에는 스페인의 냄새가 그리 나질 않는다. 너무 오래 동떨어져 있었나.

인터넷이 없으니 걱정했던 것과는 다르게 오히려 자유로워졌다. 모든 것이 아날로그. 여행자들은 숙소 거실에 쉴 틈 없이 붙는 메모로 정보를 교환하고 동행을 구한다. 우리 역시 쿠바를 함께 할 네 명의 동행을 구했다. 쿠바에 오기 전 우연히 인희의 SNS를 통해 알게 된 두 명과, 값 싼 랑고스타(랍스터)를 찾아 밤거리를 헤매다가 우연히 만난 또 다른 두 명의 여행자.

어느 날 저녁, 럼주 Havana Club 몇 병으로 서로의 마음이 잘 맞는지 확인을 마친 우리 여섯은 함께 아바나를 벗어나기로 했다.

까사에 무거운 배낭을 모두 맡기고 티셔츠 몇 장과 수영복만 챙겼다. 아침 일찍 호아끼나 아주머니가 불러 준 올드카 택시 한 대에 남자 셋과 여자 셋, 여섯 명이 꾸깃꾸깃 타고 여섯 시간 거리의 남쪽 바닷가 마을 히론으로 향했다.

오래된 자동차가 자꾸 말썽이다. 한 시간에 한 번씩 갓길에 세워 정비를 해야만 했다. 열린 보닛 안을 들여다보니 자동차 정비에 무지한 내가 봐도 여기까지 달려온 게 신기할 정도로 낡았다. 이제 얼마 후면 낭만적인 낡은 올드카들도 미국 상표를 단 멕시코산 자동차들로 대체되겠지.

히론Playa Giron의 깔레따 부에나. 일인당 15쿡을 내면 음료와 술, 음식을 무한정 즐길 수 있고, 아름다운 해변에서 하루 종일 머물 수 있다. 물 제대로 만난 여섯 명은 독한 칵테일을 100잔도 넘게 마셔 버렸다!

너나 할 것 없이 공평하게 모두 취한 우린 택시를 잡아 타고 숙소로 돌아와 다시 독한 Havana Club에 젖어 들었다.

택시로 더 멀리 달려 도착한, 너무나 아름다운 마을 트리니다드.

마요르 광장의 모습을 어느 영화에선가 분명히 보았다는 나의 말에 모두가 영화 제목을 떠올리려 애썼으나 실패했다.

이 마을에선 저렴하게 말을 타 볼 수 있는데, 긴 바지를 입어야 한다는 경험자들의 말을 무시하면 허벅지 안쪽이 말 안장과 무려 네 시간동안 마찰하는 고통을 경험할 수 있다. 난 무더위와 고통 중 고통을 택했고, 잘못된 선택의 대가는 혹독했다. 모든 충고에는 이유가 있는 법이다.

일행 여섯 중 둘이 떠났다. 택시 창밖으로 "Buen camino!"를 외치고 떠난 그중 한 친구는 후에 가슴 밑에 큼지막하게 체 게바라의 얼굴을 그려 넣었다.

자유롭고 건강하게 평생 좋은 길 다니다가 더 좋은 길에서 마주치길.

'Buen camino, amigo.'

남은 네 명은 트리니다드에서 택시를 타고 일곱 시간 정도 달려 북쪽 끝 마을 산타루시아에 도착했다.

생각보다 비싼 방값에, 2인실에 네 명이 묵었다. 침대 두 개를 가로로 붙여 넷이 누우니, 몸이 자유롭진 못했지만 안락하고 포근했다.

산타루시아는 쿠바에선 좀처럼 드문, 스쿠버 다이빙을 할 수 있는 마을이다. 사회주의 국가이니 이 작은 다이빙 센터의 모든 다이빙 활동이 신고되고 수입 역시 국가에 귀속되며 가격 흥정은 불가능하다.

두 번의 다이빙에 80쿡. 우리 네 명은 간단한 테스트를 거친 후 쿠바의 거친 바닷속을 여행했다.

여섯 명의 소풍을 끝내야 할 시간이 왔다. 각자의 여행길을 향해 헤어져야만 한다. 영화 세트장처럼 아름다운 마을 까마구에이에서 서로의 안녕을 빌었다. 우린 아바나로 돌아가야 했고 남은 둘은 바라데로로 가고 싶어 했다. 헤어짐은 항상 아쉽지만, 각별했던 만남은 헤어짐으로 완성되는 것이라 믿는다.

어떻게든, 어디로든.
우리의 최종 목적지인 '행복'에 꼭 다다르길, 친구들.

'보고싶다. 안녕.'

쿠바 여행만큼 호불호가 극명하게 갈리는 여행도 없을 것이다. 쿠바 여행을 과감히 생략하는 장기 여행자도 있을 만큼.

우린 우리의 쿠바 여행 안에서, 선배 여행객들이 늘어놓았던 호와 불호의 이유를 명확히 구분해 냈다. 그리고 지난 5개월간의 우리의 여행 속 호불호를 꺼내어 보았다.

5개월이라는 짧은 시간동안 우린 제법, 아니 무수히 많은 '좋음과 싫음'을 발견해냈다. 그리고 그 모든 추억들이 좋음과 싫음으로 절대 양분될 수 없다는 사실도 찾아냈다.

그렇다. 결국 여행은 '좋은 것'만을 찾아다니는게 아니었다. 여행은 그저 다니는 것, 보는 것, 느끼는 것이고 그 과정이 마냥 '좋은 것'이라는 지극히 상투적인 진리를 우리는 직접 발견했다.

여행은 그 자체가 목적이다.

12. 콜롬비아를 날다

남미의 첫 국가, 콜롬비아.

한식이 너무나도 그리운 우린 보고타의 한인숙소를 찾아갔다. 보통의 숙소들보다 꽤 비싸지만 보고타에 그리 오래 머물지 않으니 그저 김치찌개와 날리지 않는 쌀밥을 몇 끼 먹을 수만 있다면 두 배의 숙박비 정도는 감당할 수 있겠다고 생각했다.

불안한 치안으로 악명 높은 남미. 눈 뜨고 있어도 코를 베어 가고, 배낭이 몸에서 잠시라도 떨어지면 순식간에 없어진다는 남미. 강도를 만나면 허리 속의 비밀 복대부터 끊어가고 버스 통째로 강도를 당하며, 총을 목격하는 여행자도 많다는 남미다. 실제의 사고사례가 끊이지 않고 수많은 여행자들의 피해를 보고 들은 터라 우린 단단히 마음의 준비를 했다.

결론부터 말하면 남미도 사람 사는 세상이라는 거다. 조심하고 또 조심하며 긴장을 늦추지 않고 객기와 치기를 조금만 줄일 수 있으면, 그리고 항상 그들의 문화를 존중하고 이해해 줄 수 있다면 오히려 내 나라 한국, 서울의 인심보다 순박하고 따뜻한 마음들을 만날 수 있다.

남미가 위험하지 않다고 단정지을 마음은 없다. 좋은 여행을 하기 위해 감수할 수 있는 위험을 판단해야 한다는 거다. 당연히 더 많은 위험을 감수할수록 더 많은 것을 보고 즐길 수 있으니, 자신이 어떠한 여행을 지향하고 있는지를 냉정하게 생각해야 한다. 여행 중의 사고는 결코 무용담이 될 수 없다.

아. 물론 남미의 밤거리는 상황이 매우 다르다.

밤버스를 타고 산힐로 이동했다.

산힐이라는 이름 답게 엄청난 경사의 언덕을 헉헉거리며 올라야 예약한 숙소가 나왔다. 이른 새벽 문을 열어 주길 기다리고 있으니 앞집의 아저씨가 숙소 주인을 불러준다.

짐을 풀고 아침시장에 가서 따끈한 커피, 틴토 한 잔을 마셨다. 한 잔에 500 페소이니 170원 꼴인데, 매우 달고 독하다. 콜롬비아 사람들은 이 싼 틴토를 입에 달고 산다. 물론 세계 최고의 품질로 평가받는 콜롬비아 원두와는 거리가 있다. 콜롬비아 서민들은 비싼 콜롬비아산 원두를 쉽게 접하지 못한다고 한다. 매일 마시는 틴토 역시 저급의 에콰도르산 원두로 만들어질 것이다.

우리도 이후에 틴토를 입에 달았다. 쌀쌀한 날씨에 몸을 녹이는 데 제법 효과가 있다.

"근데 틴토는 적포도주라는 뜻 아닌가?"

"수프리모보다 맛있네."

산힐은 높은 언덕과 강한 바람을 이용한 패러글라이딩이 유명한데, 불과 우리 돈 이만 오천 원 정도로 세계에서 가장 싼 패러글라이딩을 즐길 수 있다. 여러 군데의 가게를 돌아다니며 가장 믿음이 가는 업체를 골라 신청했다. 여기까지 와서 이 가격에 하지 않을 이유가 없는 상황이지만 사실 난 고소공포증이 있다. 높은 곳에 올라가면 발바닥이 저리다. 몇 년 전 북한산의 높고 좁은 봉우리에 섰을 때 내게 고소공포증이 있다는 것을 알아차렸다.

어릴 적엔 경쟁심으로 다른 아이들보다 높은 곳에서도 쉽게 뛰어내리곤 했었는데, 시간이 지나며 어느샌가 두려움도 같이 자란 모양이다. 극복해야 할 일이다. 장비를 착용하고 두근거리는 심장을 달래며 아무 일이 일어나지 않길 바랐다.

'바닷속을 나는 것과 다를 게 없을 거야.'

등 떠밀린다는 말은 이때 쓰는 거다 싶었다. 아니, 실제로 등을 떠밀리며 몇 발을 힘껏 뛰었다. 뒤의 가이드가 뭐라고 소리를 치는데 알아듣지 못했다. 그리곤 날았다. 난생 처음 하늘을 날았다.

공중에서 맞바람을 맞으며 보는 까마득한 절경은 말로 표현할 수 없었고, 감탄만 연발했다. 물론 발바닥은 매우 저렸고.

인희는 더 높이 더 멀리 날았다. 무서워할까 걱정되었지만, 누구보다도 더 높게 날길 바랐다. 보는 내내 가슴에 대고 웅얼거렸다.

'너가 누구보다도 높이 있어. 평생 잊히지 않도록 가슴에 꾹꾹 눌러 담아.'

너무 강한 바람에 눈이 시렸다.

작고 아름다운 마을, 바리차라에서 구아네까지 네 시간을 걷는 중 한 적한 산길의 작은 시골집에 들어갔다. 할머니는 딱 봐도 말이 안 통할 우 리에게 아무 말도 하지 않으시고 여러가지 음료를 한꺼번에 들고 나와 양손에 펼쳐 보이셨다.

"쎄르베싸, 뽀르 빠뽀르."

우린 맥주를 벌컥벌컥 들이켰다. 할머니와 할아버지는 손님이 왔다고 나와 계시기는 하나, 말이 통하지 않는 동양인 둘을 가운데 두고 말없이 정면을 응시한 채 앉아 계셨다. 우리의 발치로 이따금 다가오는 닭들을 멀찌감치 쫓아 줄 뿐.
손님이 하루에 몇 명이 올까. 오기는 할까.

칼리를 거쳐 국경마을 이피알에스^{Ipiales}에 도착해 마을을 잠시 둘러본 후 에콰도르 국경을 넘었다. 에콰도르는 미국 달러를 쓴다. 국경을 넘자마자 달러 뭉치를 손에 든 아저씨들이 몰려드는데 환율은 그다지 좋지 않다. 남은 콜롬비아 페소를 달러로 바꾼 후 수도 키토로 가는 버스가 있는 툴칸 터미널까지 택시를 탔다. 아주머니 두 분과 합승을 했는데, 한국인이 신기한지 자기 집에서 저녁을 먹지 않겠냐 한다.

점심 식사를 권했으면 어느 여행 프로그램의 큐레이터처럼 마지못한 척 감사히 갔겠지만 해지기 전 키토에 도착해야 하는 우린 어렵게 거절했다. 다른 말은 전혀 알아듣지 못했는데, 한국의 드라마와 노래에 대한 내용인 듯 싶다. 듣던 대로 남미 사람들은 꼬레아노를 상당히 좋아한다. 같이 사진을 찍어 달라는 부탁도 종종 듣는다. 재미있다.

위도 0도의 가상의 선이 에콰도르를 관통한다. 물론 적도가 통과하는 국가는 에콰도르 뿐 만이 아니다. 적도는 가까운 인도네시아부터 아프리카의 케냐까지, 지구를 한 바퀴 돌며 존재한다.

인디오들은 적도를 INTI NAN(태양의 길)이라 불렀다 한다. 게다가 에콰도르가 적도(equator)라는 뜻이니, 이 땅의 사람들에게 적도는 참 특별한가보다.

우리가 적도 위에 섰다. 한 발은 북쪽에, 한 발은 남쪽에.

빨간 적도선 위에서 휴대폰의 GPS는 0도 0분 2초를 가리켰다. 2초 차이가 간지럽다. 1,800분의 1도 차이를 없애 보고 싶어 휴대폰을 들고 근처를 몇 걸음 다녀봤지만 실패했다.

13. 갈라파고스의 상어

과야킬에서 올라탄 비행기가 두 시간 만에 작은 섬 위에 착륙했다. 익숙하면서도 무언가 낯선 후끈한 열기와 습기. 마치 아무도 밟지 않았던 땅에 처음 발을 딛는 사람처럼 심장이 두근거렸다.

"Primero en el Mundo"

19개의 섬으로 이루어 진 갈라파고스 제도는 보통 세 개의 큰 섬 산타크루즈, 이사벨라, 산크리스토발을 중심으로 숙박과 관광이 이루어진다. 이 중 산타크루즈 섬은 공항과 가깝고 섬에서 가장 큰 항구 마을인 푸에르토 아요라Puerto Ayora에 큰 식료품 마트와 찰스 다윈 연구소가 있어 갈라파고스 제도 여행의 중심이 된다. 숙소에서 무료로 대여한 자전거를 타고 마을 구경하는 것으로 여행을 시작했다.

찰스 다윈이 <종의 기원>을 탄생시킨 결정적인 장소인 만큼, 갈라파고스는 다른 곳에서 볼 수 없는 동식물들의 보고이다. 어딜 가든 진기하고 낯선 모습의 생명들이 사람들과 함께 섬을 삶의 터전으로 삼고 있다.

그중 우리 마음을 사로잡은 것은 단연 바다사자들.

사람을 전혀 신경 쓰지 않고 어디서든 평온히 누워 잠을 잔다. 사람을 위한 벤치에도 하나씩 자리를 잡고 올라가 누워 있다. 작은 어시장에선 해체되고 남은 생선 조각을 얻기 위해 상인들 옆을 떠나지 않고 어린 아이처럼 조르기도 한다. 주민들 역시 바다사자를 개의치 않고 이 섬의 또 다른 구성원으로 여긴다.

무엇보다도, 얼굴이 참 귀엽다. 어디서나 눈에 띄는 녀석들 덕에 섬 전체가 사랑스럽다. 가끔 길을 막고 비키지 않아 당황스럽게도 하지만 덕분에 동물을 좋아하는 우리에게는 선물 꾸러미와도 같은 섬이다.

모든 것이 비싸다는 소문과 달리 1박에 30불 정도면 숙소를 미리 예약할 수 있고, 예약하지 않아도 약간의 발품을 팔면 더 저렴한 숙소를 얼마든지 구할 수 있다. 배낭여행자들에게 결코 싸지 않은 금액이지만 갈라파고스라는 점을 감안하면 충분히 지불할 수 있는 돈이었다.

아마도 100달러의 입도비가 있어 '갈라파고스는 비싸다'라는 편견이 있는 듯하다. 물론 육지에서 엄청 멀리 떨어진 섬이니 레스토랑 음식은 비싼 편이다. 우린 마트에서 식료품을 사다 호스텔에서 끼니를 해결했다. 그러다 보니 주식은 소시지를 넣은 스파게티와 달걀. 스쿠버 다이빙을 해야 하니 예산을 더욱 아껴야 했다.

즐비한 다이빙 센터 중 한 곳을 골라 두 번의 다이빙을 160불에 흥정. 우리에겐 가장 비싼 다이빙 가격이다. 그러나 아무리 비싸도 지나칠 수 없다. 다이버들의 꿈, 갈라파고스 아닌가. 더군다나 몰라몰라(개복치)를 볼 수도 있다는 말에 망설이지 않았다.

다이빙 포인트에서 무언가를 '볼 수도 있다'는 말은 볼 확률이 없다는 말과 같다. 더욱이 요 며칠의 다이빙에서 몰라몰라를 보지 못했다고 했다. 그러나 왠지 모르게 우린 느낌이 좋았다.

갈라파고스의 바다는 거칠다. 시야가 좋지 않고 적도 부근이지만 수온이 낮다. 사실 초보자들에게는 쉽지 않은 바다이다. 이따금 아주 강한 상승, 하강 조류도 있다. 가라앉기 위해 필요한 웨이트 벨트도 다른 바다에서보다 무겁게 권했다.

긴장한 상태로 입수하자마자, 몰라몰라를 만났다. 듣기보다 무척 민첩하고 빨랐다.

3박 4일간의 산타크루즈를 뒤로 하고 이사벨라 섬으로 이동했다.

산타크루즈는 여행객들로 붐벼 활기차고 각종 투어사들과 레스토랑들로 시끌벅적한 반면 이사벨라는 가장 큰 면적이지만 인구가 적고 항구 주변의 작은 마을, 푸에르토 비라밀Puerto Villamil 외에는 사람이 살지 않아 숨겨진 곳곳을 탐험하기 좋다.

갈라파고스 제도에서 가장 어린 섬, 이사벨라. 지금도 화산 활동이 진행 중인 만큼 독특한 화산지형 관광이 유명하다. 물론 이 섬 역시 다른 곳에선 보기 힘든 동물들의 천국이다. 이곳에서도 다이빙을 하고 싶었지만, 마침 문을 닫았다. 우리 예산을 생각하자며 스스로를 위로했다.

이사벨라는 육지거북과 이구아나, 파란 발 부비새의 섬이다. 숲길을 걷다 보면 엄청나게 큰 거북이들을 쉽게 만나는데, 에콰도르 정부가 멸종 위기에 처했던 거북을 보존하기 위해 노력한 결과이다. 숲속에서 부스럭거리는 소리가 나 숨죽이고 보면 여지없이 갈색의 등껍질이 천천히 움직인다. 태초의 자연을 간직하고 있는 모습이 부럽기만 하다.

반면 또 다른 섬, 산크리스토발은 바다사자의 섬이다. 선착장에서부터 태평하게 누워 가장 먼저 손님들을 맞이한다. 밤이 되면 셀 수 없이 많은 바다사자들이 해변을 점령하고 우렁찬 울음 소리로 장관을 연출하며 구경꾼들의 혼을 쏙 빼놓는다.

Hammerhead(망치상어) 떼를 볼 수 있는 유명한 포인트.

입수 전 빗방울이 떨어지기 시작했다. 파도도 만만찮고 하강하자마자 강한 조류를 만났다. 거친 바다는 언제나 두려움의 대상이고 우리는 항상 두려워해야만 한다. 바다는 마냥 아름답지만은 않으니.

거친 만큼 엄청난 볼거리를 선사했다. 수십 마리의 헤머헤드 샤크들과 우아한 레이들, 블랙 팁과 화이트 팁, 갈라파고스 샤크들. 마치 종합 선물세트를 펼쳐 놓은 듯 한 갈라파고스의 바다.

정신을 놓고 촬영하던 중 갑자기 거짓말처럼 시야가 흐려졌다. 바로 옆을 헤엄치는 상어의 종류를 분간하기 힘들 정도로!

단 7초였다. 조금씩 가까워지는 상어 때문에 녹화 중인 카메라를 7초 만에 끄고 뒤돌았을 때 가이드와 인희는 보이지 않았고, 시야는 2미터도 채 되지 않았다. 갑자기 물이 뒤바뀐 건가. 온통 하얀 포말이 주변을 감싸고 있었고, 나침반도 없어 방향감각을 완전히 상실해 버렸다. 일단 일행이 있을 것 같은 방향으로 조금 움직여 봤지만 아무것도 보이지 않았다.

게이지를 보니 130바, 아직 공기는 많이 남았다. 호흡을 길게 하고 배운 대로 1분간 자리를 유지하고 일행이 날 찾으러 오길 기다리기 위해, 몸을 수직으로 세우고 주위를 둘러봤다.

상어 네 마리가 내 주변을 에워싸고 빙빙 돌고 있었다! 가득한 포말로 주위가 온통 희미하나, 크기로 보아 거리는 5미터 안 되는 듯 했다. 심장소리가 내 귀에 들릴 정도로 뛰기 시작했고 호흡이 제대로 되지 않아 숨이 차고 공황이 올 것만 같았다. 빨리 올라가야 한다고 생각하고 핀을 차기 시작했다.

'내가 내뱉는 기포보다 천천히 상승하면 다치지 않는다..'

그러나 내 숨의 기포가 위로 올라가질 않았다. 하얀 공기방울들이 내 주변을 감쌌고, 수평으로 퍼져 나갔다.

'하강 조류구나!'

난생 처음 느껴보는 종류의 공포. 수심계도 없어 내가 수심을 일정하게 유지하고 있는 것인지도 확실치 않았다. 하강하자마자 조류를 타고 꽤 많이 흘러내려왔으니, 입수지점인 바위에서도 멀 것이다. 상어들은 계속 내 주위를 돌고 있다.

죽을 힘을 다해 발을 찼다. 상승이 잘 되질 않는다. 너무 겁이 나서 밑은 보지 못하고 위만 보고 한참을 찼는데도 수면이 보이지 않는 시야.

머리가 빗방울이 떨어지는 수면을 쳤을 때야 다 올라왔구나 알았을 정도였다. 아주 먼 배를 향해 손을 흔들며 소리를 쳤다. 들릴 리가 없다. 숨을 몰아 쉬며 무기력하게 떠 있던 중, 얼마나 시간이 흘렀을까.

뱃머리가 나를 향해 움직였다.

배에 올라타니, 그제서야 인희가 걱정됐다.

'날 찾으려고 이탈했으면 안 되는데..'

잠시 뒤 가이드와 인희가 다이빙을 끝내고 올라왔다. 인희는 걱정됐지만 시야가 없어 날 찾을 수 없었고 조류를 거스르며 가이드와 떨어지지 않으려 죽을 힘을 다해 핀을 찼다 했다. 가이드는 배 위에서 걱정스런 눈빛으로 내려다보고 있는 나를 발견할 때까지 내가 미싱이 된 줄도 모르고 있었다! 하긴, 아무것도 보이지 않았으니.

참 귀한 경험을 했다. 다이빙을 하기 위해 장비들을 갖추는 것이 얼마나 중요한지, 바다를 왜 두려워해야 하는지. 그리고 극한의 상황에서 평정을 유지하는 것이 얼마나 힘든 일인지 깨달았다.

'그런데 그 상어들은 왜 그렇게 내 주위를 빙빙 돌았을까..'

산크리스토발의 지도를 크게 확대해 보니 걸어갈 수 있을 법한 거리에 Baquerizo라는 작은 해변이 있다. 우린 운동화 끈을 단단히 메고 물과 마스크, 스노클만 챙겨 나섰다. 가는 길에 만난 아름다운 해변에 내려가 잠시 몸을 담그기도 하고, 바위를 오르다가 이구아나와 얼굴을 마주쳐 서로 놀라기도 하고, 한참을 비경에 감탄하며 걷다가 이 길이 맞나 싶을 정도의 구비구비 험한 길을 통과하니 Baquerizo 해변이 나온다.

사람이 아무도 없는 아주 작은 해안인데, 몸에 달라붙어 무는 파리들이 상당히 많다. 물리면 따가우니 물에 몸을 담그고 있는 것이 상책이다. 가방을 적당한 나뭇가지에 걸어 두고 물장구를 치니 저 멀리서 바다사자 세 마리가 헤엄쳐 온다. 따라해 보라는 듯이 우리 앞에서 빙글빙글 재주를 부린다. 눈을 마주치고 쏜살같이 우리 옆을 지나치기도 하며.

꿈을 꾸는 것 같은 동화같은 현실 속에서 지치는 줄도 모르고 우린 그렇게 바다사자들과 헤엄쳤다.

아.. 사랑스러운 갈라파고스!

14. 페루에는 그때 분명 외계인이 있었다

과야킬에서 버스를 타고 에콰도르와 페루의 국경을 넘었다. 피우라와 트루히요를 거쳐 드디어 와라즈에 도착한 우린 하루를 쉬며 69호수에 오를 준비를 했다.

고도가 높아지니 날이 무척 차가워졌다. 알록달록한 털양말을 몇 개 사고 두꺼운 점퍼를 꺼내 입었다.

69호수는 와스카란 국립공원 안의 사백여 개의 호수 중 69번째 호수로 고도가 해발 4,580m에 달한다. 고산병으로 고생하다가 중간에 포기하는 등산객들도 많다고 하니 단단히 준비가 필요했다. 고산병 약인 소로치필을 몇 알 구입해 자기 전과 당일 아침에 한 알씩 먹었다.

이른 새벽 봉고차로 세 시간을 달려 도착한 식당에서 이른 아침을 먹고 조금 더 차로 달린 후 산을 오르기 시작했다.

여행 중 체력적으로 가장 힘들었던 69호수. 같이 오르기 시작한 젊은 서양인 커플 중 남자는 극심한 두통을 호소하며 돌아 내려갔다. 약을 먹어서인지, 멕시코시티를 거쳐 오며 고산에 익숙해진 탓인지 다행히 우리에겐 고산증세가 나타나지 않았지만 오를수록 희박해지는 공기 덕에 숨쉬는 것이 점점 힘들어졌다. 힘차게 숨을 들이쉴 때마다 목에서 쉰 소리가 나고 무릎을 더 이상 올릴 힘이 없을 때 즈음, 눈앞에 영롱한 빛의 빙하호가 극적으로 나타난다.

언제나 그렇듯 신체적인 고통은 감동을 증폭시키는 효과가 있다.

리마를 향하는 버스가 멈춰 섰다. 분위기가 심상찮다. 갈 길이 먼데, 버스는 서서 꼼짝하지 않았다. 얼마나 걸릴지 모를 일이니 서둘러 내려 작은 가게에서 바나나 한 송이를 집어 다시 올라탔다.

산사태로 무너져 내린 흙더미가 길을 모두 막아버린 모양이다. 중장비가 투입되질 못하니 손으로 흙더미를 퍼내는 방법밖에 없었다. 그렇게 세 시간을 기다린 끝에 길이 열렸다.

그 즈음 페루는 폭우로 인한 최악의 홍수를 겪고 있었다. 지구 온난화에 따른 엘니뇨 현상이 원인이라고 한다. 이재민이 칠십만 명에 육박한다는 뉴스를 보았다. 부메랑이, 재앙이 되어 돌아오고 있다.

우리가 리마에 도착한 다음 날, 와라즈와 북부 지역에 여행객들이 고립되었다. 하루 차이로 고립지역을 벗어난 셈이다. 리마 역시 상수원이 막힌 탓에 단수가 되었다. 언젠간 물이 나오겠거니 생각했는데, 닷새째 단수가 이어졌다. 마트의 물도 모두 동이 나고, 주변 상가 건물의 저장 탱크도 모두 비어 버렸다. 씻지 못하는 것은 참을 수 있었지만 화장실이 문제였다. 결국 기다릴 수 없이 피난하듯 리마를 떠나야 했다. 빨리 남쪽으로 내려가는 편이 나았다. 미안해하시는 한인 숙소의 사장님을 남겨둔 채 서둘러 짐을 챙겨 남쪽으로 내려가는 상황이라니.

이카에 도착해 간단히 장을 본 후 택시를 타고 와카치나에 도착했다. 예능 프로그램에 나와 더욱 유명해진 와카치나. 둥그런 오아시스가 황량한 사막 언덕과 야자수에 둘러싸여 있다. 긴 버스 이동의 여독이 금새 풀리기에 충분히 이색적인 풍경이다.

와카치나는 평화로운 오아시스 뿐 아니라 뒤집어질 듯 아찔하게 사구를 달리는 버기카를 타고 모래 언덕에 올라 샌드보딩을 즐기는 버기 투어가 있다. 나이를 잊게 하는 모래 썰매를 정신없이 즐기다 보면 사막의 한 켠으로 가라앉는 붉은 태양을 마주하게 된다.

털어도 털어도 며칠간 운동화에서 계속 흘러나오는 곱디고운 모래 알갱이들은 덤이다.

나스카에서 뒤뚱거리는 아주 작은 경비행기를 타고 날아 올랐다. 생각지도 못했던 어릴 적 꿈. 거대한 콘도르를 타는 데 성공한 태양소년 에스테반이 날아다니던 상공을 우리도 비행하는데 성공한 것이다. 이 작은 비행기는 우리에게 왼쪽과 오른쪽 지상을 번갈아 보여주느라 곡예비행을 해야만 했다. 멀미를 한다면 엄청나게 고생할 것이 뻔하다.

나스카 라인. 천오백여 년 전에 그려진 이 미스테리한 그림들의 목적은 아직 밝혀지지 않았다. 제사를 지내기 위한 목적이었다는 설, 단순한 유희를 위해 그렸다는 주장, 천체를 관측하고 그린 그림이라는 가설 등 추측만 무성하다. 밝혀진 것은 땅을 파서 하얀 흙을 드러내어 그림을 그렸다는 사실뿐.

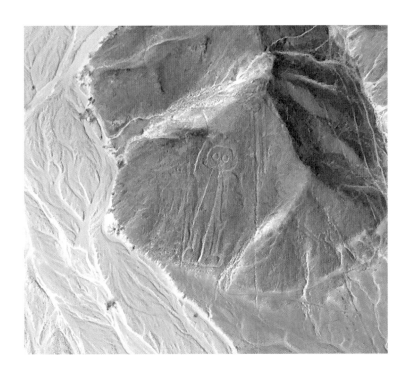

나는 그중 누가 들어도 가장 설득력 떨어지는 주장 하나에 힘을 실어 주고 싶다. 나스카 라인은 외계인이 그렸거나 외계인을 종종 만났던 나스카인들이 그린 것이다. 그렇지 않다면 무슨 목적으로, 돌산에 기어 올라가 손을 들고 있는 사람의 형상을 하늘 높은 곳에서 보게끔 그려 놓았을까. 이상하지 않은가.

그때 이곳에는 외계인이 있었다. 그게 아니라면 거대한 콘도르를 탄 나스카인의 짓이거나. 나는 그렇게 믿는다.

진심이다.

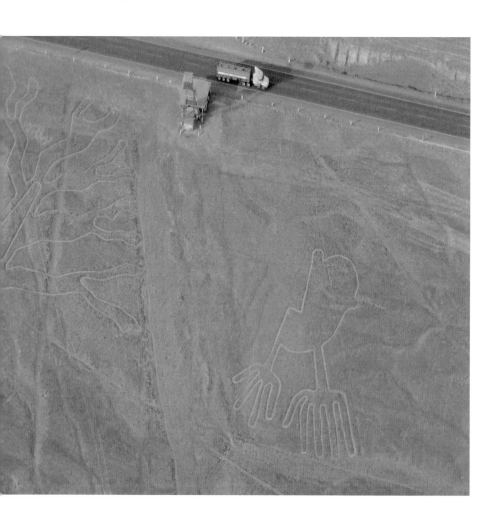

쿠스코로 가기 전 콘도르를 보기 위해 들른 아레키파의 숙소에서 새벽 세 시에 픽업 차량을 타고 콜카 캐년으로 향했다. 세계에서 가장 깊은 협곡으로 미국 그랜드 캐년보다 두 배 더 깊다고 한다.

볼 확률이 더 적다는 말이 무색하게, 이른 아침부터 콘도르 전망대엔 사람들이 빼곡하다. 해발 4,870미터의 멋진 절벽 위에 걸터앉아 기도하는 심정으로 한 시간 넘게 기다렸지만, 콘도르는 나타나지 않았다. 이따금 콘도르를 사칭하는 큰 새가 나타나면 여기저기서 놀람과 아쉬움의 탄성이 튀어 나왔다. 그림 같은 계곡을 하강하며 멋지게 나타나 주길 바랬건만.

누군가의 말에 의하면 콘도르는 몸이 아프거나 늙으면 하늘 높이 올라가 스스로 추락한다고 한다. 자살을 한단 말인가. 사실인지는 모르겠지만, 하늘과 땅의 중개자라는 콘도르의 이미지에 걸맞는 이야기다.

그런데 먼저 내려간 동행의 말이, 아랫마을에 콘도르를 키우는 집이 있다고..

15. 잃어버린 공중도시 마추픽추

단단히 정신을 차리지 않으면 쉽게 빠져나갈 수 없다는 쿠스코에 도착했다. 남미여행에서 손꼽히는 대표적인 관광지 중 하나인 마추픽추에 갈 수 있는 곳이고, 마추픽추 이외에도 다양한 근교 투어들 덕에 많은 여행자들이 장기로 머무는 마을이다.

쿠스코는 도시 자체만으로도 매력적이다. 잉카 제국의 화려했던 영광은 이제 쉽게 찾아볼 순 없지만, 해발고도 3,400여 미터에 어울리는 느릿느릿한 숨으로 돌길을 거닐다 보면 며칠이 몇 시간처럼 지나가 버린다. 독한 피스코 사워 몇 잔에 취하기도 하고 장기 한국인 여행자들이 앓는다는 곱창병(곱창이 먹고 싶어 마음이 아픈 병)을, 소 내장을 꼬치에 구운 안티쿠초로 달래기도 하며.

마추픽추에 가기 위해 이른 새벽 봉고차에 올랐다. 천 길 낭떠러지를 위태위태하게 달려 Hidroelectrica에 도착하니 비가 내리기 시작한다. 쿠스코에서 산 판쵸를 뒤집어쓰고 기차길을 따라 걸었다.

상당히 힘든 자갈길이다. 세 시간 조금 넘게 걸었는데, 이 길에서 우린 너무나도 행복했다. 가끔 지나가는 페루레일 기차안의 얼굴들이 부러울 때도 있었지만, 끝없이 펼쳐지는 잊지 못할 절경과 우리 두 발로 마추픽추에 다가가고 있다는 설렘. 마추픽추는 걷는 자들이 받는 선물이다.

다행히 우린 이제 지치지 않고 제법 잘 걷는다. 저녁이 다 되어서야 아구아 깔리엔테('뜨거운 물'이라는 뜻)에 도착했다. 마추픽추에 오르는 여행자들의 베이스캠프.

마을 이름과 어울리게 않게 숙소가 너무 추워 잠을 제대로 이루지 못했다. 새벽에 일어나 고양이 세수를 하고 올라 탄 마을버스가 어둠을 뚫고 매표소까지 안내했다.

한걸음, 한걸음. 입구부터 전경을 막고 있는 오두막을 돌자마자 눈앞에 펼쳐진 잉카의 고도. 날이 궂으면 제대로 보기가 힘들다는 말에 내심 걱정했는데, 이 나이 든 봉우리는 너무나도 선명하게 우릴 환영했다.

마추픽추는 놀랍게도 불과 백 년 전에 발견되었다. 문명의 운명을 알아차렸던 것일까. 잉카인들은 이 신비로운 공중 도시를 남겨 놓고 흔적도 없이 사라져 버렸다. 거친 안데스를 헤매다 이곳을 처음 발견한 백 년 전의 미국인은 어떤 생각을 했을까. 그도 그때 지금 내가 하는 생각을 하지 않았을까.

'피사로가 잉카를 정복하지 않았다면 세상은 지금 어떤 모습일까.'

버스를 타고 국경을 넘어 볼리비아에 왔다. 잉카 문명을 낳은 티티카카 호수의 마을 코파카바나.

티티카카 호수의 면적은 팔천 제곱 킬로미터가 넘는다. 서울의 면적이 육백 제곱 킬로미터이니 호수라고 하기에는 매우 크다. 볼리비아는 전쟁으로 바다를 빼앗겼지만 바다처럼 넓은 이 호수를 품고 있다.

3,810미터의 높이에 위치한 호수의 마을에는 페루와 볼리비아를 오가는 많은 배낭객들로 항상 붐빈다. 볼리비아의 행정수도 라파즈로 가기 위한 길목이지만 평화로운 호수를 무기 삼아, 국경을 넘느라 지친 여행자들의 발을 붙잡는다.

　유명한 트루차(송어 요리)를 맛보고 태양의 섬Isla del Sol으로 소풍 다
녀오는 것으로 2박 3일간의 휴식을 마치고 다시 버스에 올랐다.
　라파즈에 있는 한인 민박을 향한 버스. 오랜만에 한식을 먹을 수 있다
는 생각에 느릿느릿 기어가는 버스가 원망스럽다.

밤 열두시가 넘어 라파즈의 숙소에 도착했는데, 기대치도 않았던 사장님의 정성스런 저녁밥이 우릴 맞았다.

"늦었어도 조심히 잘 와줘서 다행이에요."

얼마 만의 뜨거운 한식인가.. 언제 마지막으로 뜨거운 샤워를 했던가.. 얼마 만의 따듯한 솜이불인가..

그날 밤 참 많은 꿈을 꾸었다. 공항의 'Oh'씨를 만나 하소연을 하고, 집으로 돌아가 엄마와 조카들에게 여행담을 들려주고, 그립던 친구들과 소주를 마시고, 어릴 적의 아빠를 만났다.

너무나도 친절하신 사장님 덕에 그간의 피로를 모두 씻어 내린 우린 사장님이 강력히 추천해 준 팜파스 투어를 준비했다. 팜파스는 안데스를 넘어 남미 대륙의 중부에 광활하게 펼쳐진 녹색의 평야이다. 후덥지근할 정글에서 며칠간 입을 얇은 옷들을 챙기면서 얼마 만에 안데스를 내려가는 건지 한참을 생각했다.

아침 일찍 공군 비행장에 도착해 루레나바케로 가는 비행기를 기다렸다. 세 시간이 넘게 연착한 프로펠러 비행기는 군용으로 썼던 것을 개조한 모양이다. 내 좌석엔 왜 안전벨트가 없냐고 물으니 그냥 꽉 잡으란다.

'날 순 있는 건가..'

걱정이 무색하게도 기내식까지 잘 먹고 무사히 루레나바케 공항에 내렸다. 우릴 애타게 기다리던 차량을 타고 이동하여 드디어 야꾸마 강에 도착. 길다란 보트에 한 줄로 앉아 수풀이 우거진 습지를 가로지르기 시작했다. 앞으로 삼 일 동안 타고 다닐 이 작은 쪽배는 캡틴의 엄청난 운전 실력을 자랑하며 더 깊은 야꾸마로 미끄러져 들어갔다.

물 위에 떠 있는 숙소에 도착했다. 발 밑에는 3미터에 달하는 악어들이 다닌다. 물 위의 사람들을 알아보고 모두 이름도 가지고 있지만 가끔 수면에 얌전히 튀어나와 있는 눈을 마주칠 때면 섬뜩하다.

우리가 있는 야꾸마는 아마존 강의 최상류. 아마존이 이곳에서 탄생하고 거대한 브라질의 본류로 흐른다. 그러니 브라질의 아마존 투어와 구성이 같다. 사흘간 쪽배를 타고 다니며 석양을 구경하고 아나콘다와 밤의 악어, 핑크색 돌고래를 찾아다니며, 피라냐 낚시를 하는 일정.

모기와 해충 걱정이 많았는데 다행히도 견딜 만하다. 오두막 안에는 눅눅한 침대와 그 위에 늘어진 모기장, 샤워기가 달린 화장실이 있다. 침대에 누우니 생각보다 아늑했고, 수풀을 헤치며 걷느라 지친 몸이 쉽게 잠들기에 충분했다.

　하루는 오전 일정을 끝내고 방에 들어오니 무언가 이상하다. 모기가 들어갈까 봐 분명 모기장을 꼼꼼히 드리워 놓았었는데, 한 켠이 걷어져 있고 가방 버클이 열려 있다. 도둑이 들었다고 생각했지만 다행히 없어진 것은 없었고 침대 사이에 떨어져 있는 빈 라면 봉지 한 개만 눈에 들어왔다. 침대를 자세히 보니 라면 부스러기가 몇 개 떨어져 있다. 노란 장난꾸러기들이 몰래 방에 들어와 가방을 열고 라면을 꺼내 모기장을 걷고 앉아 맛있게 먹고 간 것이다. 참 야무지게도 먹고 갔다.

"몇 번이나 돌려야 하는 이 버클을 어떻게 열었지?"
"문은 어떻게 열었고? 스프는 뿌렸나."

　어디선가 숲속에서 끼릭끼릭 하는 웃음 소리가 들렸다.

포토시에서 탄 버스가 우유니^{Uyuni} 마을로 들어설 때 창밖으로 보았던 쏟아지는 별을 잊지 못한다.

'아.. 이게 우유니의 별이구나..'

우유니. 남미여행의 꽃. 우리가 그토록 보고 싶어 하던 곳 아니던가.

그러나 직접 보기 전엔 어떠한 여행기도 보지 않으려 했고, 우리 눈앞에 펼쳐지는 소금사막이 내 눈에 처음 각인될 순간을 영원히 남기기 위해 어떠한 기대도 하지 않으려 애썼다. 게다가 우린 많이 늦었다. 절정의 우유니를 보기 위해서는 늦어도 우기의 막바지 전에 왔어야 했다. 그러니 실망하지 말고, 그저 거기 있는 그대로의 우유니를 보고 떠나자고 다짐했다. 하지만 마을 하늘을 흐르는 은하수와 쏟아지는 별을 보고 기대하지 말자던 모든 각오가 무너져 내렸다.

가장 보고 싶었던, 그래서 평범한 세계일주와 다르게 반대로 지구를 돌아오게 했던 우유니가 상상 속의 그 모습 그대로 있어 주길, 제발 우리에게 가장 멋있는 모습을 보여주길 바랐다.

"인희야, 우리가 드디어 우유니에 왔다."

숙소를 잡고 늦은 밤 투어사들을 기웃거렸다. 한국인과 일본인들 사이에 유명한 투어사가 세 군데 있다. 시간대별로 반나절에서 하루가 걸리는 여러가지 투어를 선택할 수 있는데, 우린 다음 날 점심 즈음 나가 선셋을 보고 들어오는 투어를 먼저 신청했다. 투어사의 게시판에 이름을 적어 넣고, 인원이 차면 가이드가 차에 태워 데리고 나가는 방식.

우유니 소금호수라 부르기도 하고, 우유니 소금사막이라 부르기도 한다. 우기에는 찰랑거리는 물로 거대한 거울이 되는 소금호수가 되고, 건기에는 찰랑거리던 물이 메말라 하얀 소금 결정이 끝이 없이 뒤덮인 소금사막이 된다. 그 두 가지의 모습을 온전히 모두 볼 수 있는 시기는 건기가 시작되기 직전인 3월. 우린 한 달이나 늦었지만 기대를 버리지 않았다. 날씨도 중요하다. 아무리 시기를 잘 맞춰 와도 비가 내리면 모든 것이 꽝이다. 바람이 조금만 강하게 불어도 세상에서 가장 큰 거울의 반영을 볼 수 없다. 참 까다로운 우유니. 많은 여행자들이 가장 아름다운 모습을 볼 때 까지 마을에 오래 머무르며 투어를 계속하기도 한다.

운전사이자 가이드인 블라스는 사막에 아직 물이 남아있냐는 내 질문에 시원하게 답해주지 않았다. 그저 기다리라는 말만 되풀이했다. 반드시, 꼭 봐야 한다고 되풀이하는 내 입에 조용히 손가락을 가져다 댄다. 알고 보니 이 아저씨, 매우 유명한 가이드이다. 사진을 찍을 때면 여행자들의 모든 종류의 카메라를 자기 옆에 모아두고 바닥에 엎드려 열정적으로 촬영을 하고, 마음에 드는 사진이 나오면 어린 아이처럼 환호한다.

먼저 하얀 소금사막에 도착했다.

감동했다. 그저 아름다웠고, 아름다웠다. 다른 형용을 하고 싶지 않을 만큼 아름다웠다. 자연의 모습에 이런 감동을 받을 수 있는 곳이 지구상에 또 있을까 싶을 정도로 아름다웠다.

주체할 수 없는 감동으로 발을 동동 굴러 본 적 있는가.

나지막한 감탄이 입에서 연신 흘러 나왔다. 우린 다른 사람 하나 보이지 않는, 끝이 없는 하얀 소금 위를 소리 지르며 뛰어 다녔다. 이 모습을 보기 위해 반년을 걸어 온 유랑자들처럼.

블라스의 차가 하얀 소금 위를 하염없이 달렸다. 끝이 없을 것 같던 하얀 소금사막이 어느새 축축해 지더니 이내 바퀴가 물을 가르기 시작했다. 블라스는 보란듯이 내게 턱을 치켜 세운다. 가져 온 장화를 신었다.

완벽했다. 너무나도 완벽한 모습으로, 먼 길 걸어 찾아오느라 많이 지친 우릴 기다리고 있었다.

'너희, 드디어 왔구나. 늦었어도 조심히 잘 와줘서 다행이야.'
'그래. 고맙다, 우유니.'

청명한 낮엔 오로지 파란색과 하얀색만이 존재하는 듯한 아득한 세상을, 별이 쏟아지는 밤엔 차가운 우유니 위에 내리는 은하수를 가슴에 눌러 담았다. 우리 생의 가장 아름다운 사흘을 보냈다.

"다시 올 수 있을까."
"언젠가.. 기억이 나지 않을 때 다시 오자."

이제 아르헨티나를 잠시 거쳐 칠레로 넘어가야 한다. 드디어 멕시코에부터 이어지던 고산 생활을 마감하는 날. 항상 따라다니던 약간의 두통과 마를 날 없던 콧물도 이제 안녕이다.

그나저나 25시간을 가야 할 버스의 상태가 많이 걱정이다.

17. 별의 마을, 아타카마

볼리비아와 아르헨티나의 국경을 넘었다. 걸어서 국경을 넘는 것이
이젠 제법 익숙하다.

칠레 아타카마로 넘어가기 전 잠시 거치기로 한 동네, 살타에 3박 4일
이나 머물렀다. 퍼져 있었다는 표현이 맞겠다. 여독이 많이 쌓였던 모양
이다.

살타의 호스텔에 요상한 개가 한 마리 있다. 덩치가 엄청 크고 얼굴이
사람의 얼굴처럼 평평해서 눈과 콧등이 수직으로 배열돼 있다. 아니 오
히려 콧등이 눈보다 더 깊은 듯하다. 몸에 비해 머리가 상당히 작은 반
면 얼굴은 매우 크다. 견종에 상관없이 모든 개를 사람보다 좋아하는 나
조차도 볼 때마다 깜짝 놀라게 하는 이 개는, 주인이 옆에 있을 때만 나
에게 슬금슬금 다가와 아무것도 안하고 나의 노출된 살을 핥기 위해서만
노력한다. 뭔가 좀 께름칙하다. 그러다가 주인아저씨가 없거나 나가면
화들짝 놀라 주인을 찾는다.

문제는 평소에도 이 개의 행동이 이상하단 거다. 커피를 홀짝홀짝 마시다가 뭔가 느껴져서 주위를 보면 저 멀리 숨어서 날 쳐다보고 있다. 빨래를 널고 있다가 뒤돌아보면 여지없이 나무 뒤에서 날 관찰하고 있다.

'기분 나쁜데..'

그렇게 3박 4일을 이상한 그놈과 동거했다. 주인이 있으면 내 의지를 무시하고 나를 핥다가 나와 단둘이 마주칠 때면 으르렁대며 미간을 쭈그러뜨리고 주인을 찾는데, 그렇게 얄미울 수가 없다. 아무도 없을 때 그놈 앞에서 무릎을 약간 굽히고 팔을 벌려 퇴로를 막으면 상당히 괴로워했다. 그렇게 나는 가끔 게처럼 개를 막고 서 있곤 했다. 나도 그 개가 으르렁대며 지나갈 땐 괴로웠으니, 적어도 불공평하진 않았던 거다.

3박 4일간 하는 일 없이 숙소에서 푹– 쉬었으니, 우린 나흘 동안 서로를 괴롭히며 살았던 셈이다.

친절한 주인 아줌마와는 달리 그 숙소의 주인아저씨도 좀 이상했는데, 우리가 주방에서 음식을 해 먹을 때면 유독 못마땅한 눈빛으로 쳐다봤다. 그리고 아침에 오는 청소아줌마에게 꼬레아노들이 전날 저녁에 무엇을 해 먹었는지 모조리 말하는 것 같았다. 그러면 청소아줌마는 우리가 쓰지도 않은 전자레인지를 가리키며 우리에게 화난 표정으로 주의를 주었는데, 스페인어를 잘 알아듣지 못하는 우리는 매우 불편했다. 잠시 뒤 뒷마당에서 만날 개의 퇴로를 막아 불편하게 하는게 내가 할 수 있는 유일한 복수였다.

주인 아줌마한테 "아저씨와 청소아줌마가 매우 친하네요."라고 말하려다 참았다.

새벽 한 시에 버스를 타고 칠레의 북쪽 끝 마을 아타카마로 향했다.

아르헨티나와 칠레의 국경 검문소가 해발 4,650미터의 위치에 있다. 검사를 위해 버스에서 짐을 꺼내는데 다시 한 번 숨이 턱턱 막힌다. 과연 우리의 마지막 고산일까.

점심 즈음 아타카마에 도착했다. 버스에서 잠을 통 자지 못해 비몽사몽. 숙소를 구하며 다니는 동안 배낭이 그렇게 무거울 수 없었다.

San Pedro de Atacama.

화성의 모습과 유사한 아타카마 사막 투어와 별 관측으로 유명한, 참 이쁜 마을이다. 여행자들의 거리에 나가면 크고 작은 투어사들이 손님을 기다리고 있다.

영화 '마션'의 촬영지라고 이름난 달의 계곡을 트레킹했다. 화성과 가장 유사한 지형이라고는 하는데, 이곳에서 영화를 촬영했다는 공식적인 정보를 찾을 수가 없다. 화성과 유사한 환경에서 감자를 재배하는 실험에 아타카마의 흙을 사용하고 있다는 사실 뿐.

아타카마는 무척 건조하여 구름 한 점 없고, 광해가 없어 세상에서 가장 별을 잘 볼 수 있는 곳이라고 한다. 숙소에서 조금 벗어난 언덕 위에서는 망원경으로 토성의 고리까지 볼 수 있다.

한 치 앞도 보이지 않는 어둠 속에서 머리 위로 쏟아지는 별들. 우리의 작은 미러리스 카메라와 어림없는 실력으로는 도저히 그 모습을 담아낼 수가 없었다. 다행히 푼돈을 주면 좋은 카메라로 사진을 찍어주는 친구가 어둠 속에서 우리에게 다가왔다. (아주 나중에, 인희는 이 작은 카메라로 밤의 하늘을 촬영하는데 도사가 된다.)

18. 산티아고. 가난한 사랑의노래

장장 24시간을 달려 수도 산티아고에 도착했다. 오랜만에 타는 빽빽한 출근길의 지하철엔 우리의 큰 배낭이 어울리지 않았다. '디스쿨뻬'를 연신 속삭이며 도착한 쎄로 블랑코 역.

미리 연락을 취해 둔 한인 민박에 들어가 짐을 풀고 따듯한 아침을 먹었다. 이층 침대에 올라가 몸을 누이니 지구의 맨틀까지 가라앉는 기분이다.

산티아고에는 짜장면이 있다. 어떤 음식이 가장 먹고 싶냐는 장기여행자들의 빠지지 않는 대화에서, 난 항상 1초의 망설임도 없이 짜장면이라고 얘기하곤 했다. 예전 공부하던 시절에는 일주일 연속 점심으로 짜장면을 먹은 적도 있다.

드디어, 약 7개월 만에 짜장면을 만났다. 좋아하던 싸구려 중국술까지. 먼저 다녀간 자들의 정보에 의하면 '너무 달다, 양이 적다, 가격이 비싼 편이다' 등의 좋지 않은 후기도 많은데, 나에게 짜장면은 언제 어디서든 완벽한 음식이다.

우리가 머문 민박집은 정성스런 조식으로 꽤 유명한 숙소인데 우린 조식 뿐 아니라 저녁에도 술과 음악과 정겨운 이야기로, 있는 내내 배와 마음을 불렸다. 어느 날 사장님(첫날 거나하게 취한 이후 누나로 호칭이 바뀌었다.)은 부추 비슷한 채소를 시장에서 구해 완벽한 부침개를 만드는데 성공하기도 했다.

멀리 떠나온 사람들에겐 외로움과 유사한 종류의 동질감이 있게 마련인데, 때론 그 감정이 벽을 만들기도 하지만 마음을 나누고 따뜻한 힘을 얻게 하기도 한다. 따뜻했다.

한인들이 많은 만큼 산티아고에는 한국 식당이 엄청 많다. 우린 다시는 한국 음식을 먹지 못할 사람들처럼 매일같이 한식당에 갔다. 김치찌개, 순댓국, 양념치킨, 만둣국.

물론 짜장면은 세 번이나 더 먹었다. 아, 물론 곱빼기로.

우리나라가 최초로 자유무역협정을 맺은 칠레. '협정을 맺었는데도 싸고 질 좋은 칠레 와인은 왜 우리나라에만 들어오면 비싸지는가'에 대해 대학원에서 열심히 토론한 적이 있다. 도매 수입상의 이윤, 한국인의 취향 변화, 수출가격 상승 등 여러가지 원인이 제기되었는데, 모든 답이 속 시원하지 않았다. '그냥 이 나라엔 발 빠른 도둑놈들이 많은 거야. 아니 왜 속 시원히 말을 못해.' 라고 속으로 소리쳤었다. 아무튼 숙소 옆 마트엔 싸고 맛 좋은 와인이 많아, 도저히 숙소에 빈손으로 들어갈 수가 없었다.

어느 날이었던가. 언제나처럼 거실에서 달달한 와인에 많이 취했던 우리는, 모두가 끝없을 것 같던 이야기에 지쳐 자러 들어간 후에 마루바닥에 마주앉았다. 왜 였을까. 무엇 때문이었을까. 하염없이 부둥켜 안고 울었다. 무엇을 향한 서러움이었는지, 무슨 슬픔이었는지, 그냥 서로의 얼굴을 부비며 한없이 울었다. 어린아이들처럼..

가난한 사랑을 하며 위대하게 살아가고 있는 우린, 지금 그 무엇보다 아름답다.

19. 모아이 친구, 경철이

산티아고 숙소에 큰 배낭을 맡기고 공항으로 향했다. 여행 출발 전, 계획을 세울 때는 예산 문제로 참 많이 고민했던 곳인데, 우린 당연히 가기로 했었다는 듯이 망설이지 않고 채비했다.

드디어 이스터 섬으로 간다. 시간과 비용 때문에 많이들 포기하기도 하는 멀고도 먼 섬. '선택 받은 자만이 밟을 수 있다'는 미지의 섬. 감사하게도 우린 이미 선택 받았다.

비행기 값은 1인당 왕복 60만 원 정도. 산티아고 공항에서 다섯 시간 정도 걸리는데, 태평양의 폴리네시아에 덩그러니 있으니, 남아메리카 대륙의 땅에 속한다고 볼 수는 없겠다. 비행기에서 내리자마자 후끈한 태평양의 열대기후를 만났다.

공항에서 80달러짜리 지도를 하나 샀다. 일종의 입도비인 셈인데, 지도와 함께 입장권(영수증)을 하나 끊어준다. 주요 장소에 들어갈 때 그것이 입장권이 된다.

산티아고 숙소에서 만난 친구가 알려 주었던 숙소를 예약했다. 숙박비가 섬에서 가장 저렴한 숙소인 듯 했다. 대신 숙소 앞마당의 텐트를 이용해야 했는데, 빈 텐트가 없었다. 조금 더 비싼 실내 도미토리에 짐을 풀고 자리가 나면 텐트로 옮기려 했으나, 아침마다 찌뿌둥하게 허리를 펴며 기어 나오는 사람들을 보고, 우린 그냥 5인 도미토리에 계속 눌러 앉았다.

참 멋진 숙소다. 매일 저녁 붉게 해가 지는 바다를 마당 삼고 있다. 마당 앞의 돌의자에 앉아 하염없이 수평선을 바라보고 있으면 유유히 헤엄치는 고래도 발견할 수 있다.

라파누이Rapa nui. 이스터 섬의 원래 이름이다. 이스터(Easter)는 폴리네시아인들과 잉카인들이 섞여 살던 섬을 네덜란드인이 항해 중 마침 부활절에 발견해서 붙여진 이름.

우린 지도를 펴고 모아이가 있는 곳을 살폈다.

대략 천년 전부터 원주민들이 폭풍으로부터 섬을 지키기 위해 경쟁적으로 만들어 세운 모아이 석상은 두 부족들 간의 전쟁으로 많이 부서지고 넘어지고 흩어졌다. 덕분에 모아이 석상은 섬 전체에 고르게 분포되어 있는데, 유명한 모아이부터 사람들이 찾지 않는 모아이들까지 천 개 가까이 된다고 한다. 모두 보고 싶었다. 생각보다 섬은 넓어서, 그러려면 차나 오토바이가 필요할 텐데 렌트는 우리 예산 밖의 일이다.

숙소에서 걸어갈 수 있는 곳의 모아이들 먼저 찾아다녔다. 남쪽의 해안을 따라 걷는 길의 풍경은 상당히 독특하다. 드문드문 무뚝뚝하게 선 모아이들이 거친 파도의 바다를 등지고 서 있는데, 모두가 하나같이 비장하다. 섬을 향한 모든 풍파를 대신 등에 지느라 망가진 모습의 모아이들은 안쓰럽기도 하다.

마침 한국인 세 명이 저녁을 먹고 바다를 바라보고 앉아 있는 우리에게, 렌트를 했는데 같이 다니지 않겠냐고 반가운 제안을 했다. 다섯 명이니 나누면 크게 부담이 되지 않는다.

"운전은 내가 하죠."

하루 24시간을 빌렸으니 열심히 다녀야 했다.

이스터 섬의 모든 것이 비싸다. 그럴듯하게 생긴 스파게티나 햄버거는 우리 돈으로 2만 원에서 4만 원 정도 하니 식당에서 음식을 먹을 수 없었다. 우린 작은 배낭 두 개에 바리바리 싸 들고 온 식재료로 일주일을 버텨야 했다. 스파게티면과 토마토 소스, 라면 다섯 개, 고추장 그리고 쌀과 마른 김. 판쵸(핫도그)용 소세지와 양파를 사서 토마토 스파게티를 해 먹거나, 한 개에 600원 정도 하는 달걀을 사서 밥에 비벼 먹고, 맵고 개운한 것이 당길 때는 라면을 먹었다. 사실 고추장과 김이 있으니 다른 것은 필요 없었을지도 모르겠다. 오로지 모아이를 보러 멀리서 온 우리에겐 감사한 진수성찬이다.

유명한 모아이들을 지도에 체크해 가며 인사 다니듯 달렸다. 제주도의 10분의 1 크기이니 차로 하루면 충분히 둘러볼 수 있었다.

모아이 뿐 아니라 섬의 곳곳이 아름답다. 무엇보다도 하늘의 변덕은 이 작은 전설의 섬을 더욱 신비롭게 만들었다. 검은 구름이 순식간에 온 하늘을 뒤덮었다가도 언제 그랬냐는 듯 강렬한 무지개만 남기고 사라지기를 반복한다.

그렇게 15구의 모아이를 만났다. Ahu Tongariki. 지진과 쓰나미로 흩어진 모아이들을 일본 고고학자들이 제단 위에 다시 세웠다고 한다.

처음 느끼는 감정이었다. 위대한 자연을 대할 때의 감동도 아닌, 인간의 거룩한 예술품이나 건축물을 대할 때의 감동도 아닌 감정이다. 위풍당당한 아우라가 일대의 공기를 장악하고 있는 느낌이 쉽게 발을 떼지 못하게 한다. 그냥 앞에 서서 마주보고 있기만 해도 정체 모를 감정에 휩싸인다.

Rano Raraku. 모아이 공장이라고 불리우는 이 채석장엔 서 있는 모아이, 누워 있거나 목까지 박힌, 고꾸라진 모아이 등이 400구 가량 있다. 이곳에서 원주민들이 모아이를 만들었다고 한다. 만들다 만 모아이들도 많다. 거대한 돌을 깎은 후 세운 줄 알았는데, 그냥 커다란 바위 땅에 비누 조각하듯 구멍을 내며 형상을 만든 흔적이 있다. 왜 저런 식으로 만들었을까. 큰 화강암 바위를 찾지 못해서였을까. 모자는 또 다른 곳에서 다른 돌로 만들어 올렸다.

여기저기 땅에 박힌 모아이들은 위에서 조각하여 밑으로 굴렸던 것들로 추정된다. 저 무거운 것을 낑낑대며 굴렸을 것을 생각하니 조금 귀엽기도 하다.

다음 날 새벽, 해돋이를 보기 위해 다시 찾은 15구의 통가리키.

많은 사람들이 일렬로 모아이들을 마주보고 카메라를 세워 둔 채 일생일대의 해돋이를 담기 위해 분주했다.

"세상 좋은 카메라는 여기 다 모여 있네."

해가 뜨기 시작하자, 엄청난 광경이 펼쳐졌다. 난생 처음 보는 종류의 해돋이였다. 열다섯의 주인공들은 시간을 빠르게 돌리듯 자신들을 제외한 모든 것들을 빠르게 변화시킨다. 움직이는 것은 아무것도 없다. 오로지 그들의 아우라가 주변의 찬 새벽공기만 시시각각 바꿔 놓을 뿐이다. 다양한 모습을 보여주기 위해 구름을 움직이고 바람을 잠재워주며 해를 등지고 자랑스럽다는 듯 우릴 바라봐 준다.

장관이다. 세상에서 최고로 아름다운 일출 장면이 아닐까.

바닷속에도 모아이가 있다. 항가로아 마을에 다이빙 샵이 몇 군데 있는데, 풍랑이 심해 문을 모두 닫았다. 문을 연 한 곳을 어렵게 찾아 이틀 뒤의 다이빙을 예약했는데 탱크 한 개에 6만 원 정도로 매우 비쌌다. 문제는 바다 날씨였다. 이스터의 바다는 엄청 거칠었다. 그 즈음 작은 배들의 출항 허가가 통 나지 않았다 한다.

여행 내내 날씨 운이 기가 막히게 좋은 우린 바닷속의 모아이를 만나는데 성공했다. 같이 다이빙을 나갔던 가이드는 우리에게 연신 '미라클'을 외쳤다. 계속 배가 나가지 못하다가 우리가 다이빙 나가기 직전, 잠시 바다가 잔잔해져 출항 허가가 났고 다이빙 하고 있는 사이 다시 출항이 금지되었다고.

출수하니 바다가 더욱 거칠어져 있었고 파도를 타고 서둘러 섬으로 돌아왔다. 이스터 섬 여행이 완성되는 순간. 바닷속의 모아이는 아주 멀리서 온 우리에게 귀한 추억을 선물하기 위해 거친 이스터 바다를 단 두 시간만 허락했다.

'고맙다, 모아이. 섬을 잘 지켜 주길.'

딸기잼을 바른 빵 두 개와 물을 챙겼다. 라노카오 화산의 분화구인 오롱고에 오르기 위해 섬의 남쪽 끝을 향해 걷던 중 산길이 시작되는 곳 직전에서 개 한 마리를 만났다. 눈길을 한번 주니 계속 따라온다. 우리 곁을 지나칠 땐 꼭 다리를 한 번 치고 지나간다.

이름을 경철이로 지었다. '경철아!' 부르면 엉덩이까지 껑충거리며 신나서 뛰어온다. 땅바닥에 앉아 좀 쉴 때면 경철이는 내 곁에 찰싹 달라붙어 어깨에 턱을 올리고 큰 코를 볼에 붙인다.

'냄새나는데 좀 떨어지지..'

분화구에 도착하기 전, 허리높이의 풀숲에서 길을 잃었다. 경철이도 길을 찾기 위해 끙끙대며 풀숲을 헤맸다. 다리 전체가 끈적이는 풀물에 물들었고 그렇게 40분 가량 길을 찾아 헤맸다.

경철이가 앞다리를 절뚝거리기 시작했다. 아마도 풀숲을 헤맬 때 무언가에 찔린 모양이다. 애처로운 마음에 잼 바른 빵 두 개 중 하나를 주고 우린 하나를 나눠 먹었다. 많이 아픈지, 잘 걷지를 못하고 왼쪽 다리를 핥고 자꾸 누워 자려 한다. 푹 자게 둬야 하나 싶어, 바위 뒤에서 잠든 경철이를 놓고 두 번이나 몰래 가려 했다. 한참을 떨어져서 바위 사이로 보니, 여기저기 돌아다니며 우릴 애타게 찾고 있다. '경철아!' 부르니 절뚝거리며 서둘러 온다. 인희가 운다.

여긴 마을에서 너무 떨어진 곳이고, 집이 있다면 찾아가기 힘들 테니 같이 내려가기로 했다. 경철이의 속도에 맞춰 걸었다. 걷다가 이따금 우리 얼굴을 쳐다본다. 참 이상한 교감.

　나뭇가지를 주워 주니 아파도 장난기는 남았는지 나뭇가지를 물고 절뚝이며 걷는다. 우리 셋은 아주 천천히 걸어, 한참이 지나 마을에 도착했다. 그렇게 경철이와 헤어졌다.

　왜 하루 종일 우리를 쫓아온 걸까.. 왜 눈을 계속 마주치고 쳐다봤을까.. 왜 우릴 찾아 헤맸을까..

　다리가 괜찮은지 걱정이 됐다. 마지막 날 아침 공항으로 가기 전, 헤어진 곳으로 가서 이름을 부르며 찾았다. 비슷하게 생긴 누런 개가 길 건너 저편에서 자기가 경철이인 양 달려온다.

　"얘 아닌데. 코도 작고 다리가 멀쩡하네."

　또 나뭇가지를 물고 놀러 나갔는지, 진짜 경철이를 찾을 수 없었다.

　'재밌게 건강하게 잘 뛰어 놀아. 모아이들아, 경철이 만나면 안부 좀 전해 줘. 안녕.'

20. 토레스 델 파이네와 빙하, 그리고 세상의 끝

산티아고 공항에서 1인당 6만 원 가량 하는 푼타 아레나스행 비행기를 탔다. 버스로 갈아타고 푸에르토 나탈레스에 도착. 찬 공기가 심상찮다. 남극과 점점 더 가까워지고 있는 것이다. 귀가 시리다.

예약해 놓은 숙소를 찾아 걷는 길 위의 무거운 배낭은 아무리 메고 다녀도 익숙해지지 않는다. 들썩거려야 할 어깨를 17킬로그램으로 짓누르니 숨이 가빠지고 지도 위의 목적지는 쉽게 가까워지지 않는다.

　포근한 숙소에 도착하여 몸을 녹인 뒤 토레스 델 파이네 정보를 구했다. 내셔널지오그래픽에서 죽기 전에 꼭 가봐야 할 50곳 중 하나로 선정한 토레스 델 파이네. 다행히 죽기 전에 왔다.

　보통 산장 여러 곳을 예약하고 며칠간의 트레킹을 하는데, 지금은 겨울이 시작되며 산장들이 문을 닫는 비수기이다. 아쉽지만 버스를 타고 간단한 트레킹으로 둘러보는 하루짜리 투어를 호스텔에 신청했다. 아니 다행이었나. 사실 기온이 급격히 떨어진 비수기에 산장이나 텐트에서 강추위에 떨다 나와서 눈보라를 맞으며 고생하다가 퓨마를 만나 인생을 마감하고 싶지 않았다.

　버스를 타고 국립공원으로 향하던 중 끝을 알 수 없는 양 떼를 만났다. 3킬로 정도를 양들의 속도로 이동해 매표소에 도착.

입장료가 비싸기로 유명한데, 다행히(!) 비수기엔 반값이다. 이만 원이 조금 안되는 가격. 매표소에서 나오니 그 유명한 봉우리 세 개가 보인다. 삼대가 덕을 쌓아야 볼 수 있다던 파이네의 뿔들.

"저렇게 큰 게 어떻게 안보일 수 있지?"

얼마 전 트레킹을 했던 여행자의 말로는 눈보라 때문에 한 치 앞도 보이지 않아 5일을 있는 동안 삼봉을 한 번도 보지 못했다고. 변화무쌍한 날씨로 악명이 높은 토레스 델 파이네이다. 감사하게도 우리가 가는 모든 곳마다 청명하게 멋진 모습을 보여 주었다. 조금 더 길었으면 좋았을걸. 외롭게 어슬렁거리는 퓨마 한 마리가 단 하루의 짧은 소풍을 위로했다.

아침 일찍 푸에르토 나탈레스의 터미널에서 5시간 거리의 아르헨티나 엘칼라파테로 향했다. 버스에서 내려 한참을 지도를 보며 헤맨 끝에 도착한 숙소에서 모레노 빙하 투어를 예약했다.

다음 날 숙소 앞으로 온 봉고차를 타고 물안개 자욱한 선착장에 내려 배로 갈아탄 우리의 꽁꽁 언 발에 국립공원의 가이드가 아이젠을 신겨준다.

세 시간의 빙하 트레킹. 이 장관이 빠른 속도로 사라지고 있다는 안타까운 가이드의 설명.

그리고 빙하 한 조각을 담은 뜨거운 위스키 한 잔.

숙소에서 싸 준 주먹밥을 맛있게 먹은 후 도착한 전망대.

이따금 거대한 소리와 함께 무너지는 빙하에 안타까워하며 연신 감동하고 감탄했다. 열대기후와 40도가 넘는 뜨거운 대지를 지나, 고산지대를 거쳐 빙하에 도착. 정말 멀리까지 왔다는 감정이 말로 표현할 수 없는 장관과 섞여, 그저 거대한 자연과 서로의 얼굴을 번갈아 보며 소리없이 웃게 만들었다.

'고생 많았다. 인희야..'

저녁에 숙소에 도착하여 허겁지겁 계란밥을 해 먹고 거실에 앉은 우린 사진을 보며 다시 모레노와 함께 싸구려 와인에 젖었다.

"이 감동이 언제까지 갈까?"

두꺼운 옷가지와 이틀 간의 식재료를 작은 가방 두 개에 나눠 넣은 우린 큰 배낭들을 숙소에 맡겨 놓고 엘찰텐으로 향했다.

도착하자마자 피츠로이에 오르기로 했다. 우리가 오기 전 일주일 이상 눈비가 왔고, 다시 다음 날부터 눈비 소식이 있다고 하니 늦었지만 오늘 올라야 한다. 오후 1시에 오르기 시작. 왕복 여덟 시간을 잡아야 하는데 해는 일찍 사라질 테니 헤드 랜턴을 챙겼다. 절경이 이어지는 등반길에 하산하는 사람들을 몇 명 만났는데, 하나같이 우릴 걱정해준다.

"지금 올라가는 거야? 서둘러야 해."

해가 피츠로이 봉우리 뒤로 넘어가기 시작한다. 악명 높은 마지막 1킬로미터의 오르막을 헉헉대며 오르니 다행히도 봉우리 사이에 해가 걸려있다. 오히려 살짝 걸린 해가 봉우리들과 빙하가 만든 두 연못을 절묘하게 비추면서 우리 두 입을 쩍 벌어지게 만들었다. 절경에 취한 우린 곧 해가 질 것을 알면서도 눈앞에 펼쳐진 명장면을 잊지 않기 위해 말없이 머릿속에 꾹꾹 눌러 담았다.

"그러고 보니까 우리 여행길에 처음 눈을 밟아보네."

하산하기 직전 해가 완전히 사라졌다. 발을 헛디딜까, 오로지 랜턴의 동그란 빛만 보고 정신없이 내리막을 걸었다. 사람이 아무도 없는 산중의 어딘가에서 자꾸 정체 모를 소리가 난다. 자꾸만 떠오르는 토레스 델 파이네에서 본 퓨마의 얼굴. 오싹한 밤중의 산길을 미끄러지듯 내려온 우린, 따뜻한 숙소에서 아끼고 아끼던 소주를 열었다.

엘칼라파테의 숙소로 돌아와 밀린 빨래를 하고 하룻밤을 푹– 잔 우린 아메리카 대륙의 최남단 우수아이아까지 비행했다.

아주 깨끗하고 차분한 시골마을. 유럽의 어느 조용한 마을에 와 있는 듯한 기분. Fin del mundo(세상의 끝) 우수아이아.

숙소에서, 춘천에서 왔다는 요리 천재 S를 만났다. 그 곳에서 우린 그의 손재주를 거친, 값싸고 질 좋은 아르헨티나 소고기와 닭고기를 풍미 좋은 파타고니아 맥주와 함께 원 없이 즐겼다.

콜렉티보 버스를 타고 3번 국도의 끝에 도착한 우린 더 이상 내려갈 수 없는 세상의 끝에 섰다. 우리 두 다리로는 더 이상 갈 수 없는 곳에 다다른 것이다. 차고 험한 드레이크 해협을 건너면 남극이다.

"남극을 가 볼까?"

"몇천만 원이 든다는 얘기가 있던데?"

"시체 송환 보험을 들어야 한대. 안 그러면 죽어도 못 나온대."

"근데 여기가 진짜 세상의 끝이야?"

우리. 참 멀리도 왔다.

21. Don't cry for me Argentina!

LATAM 항공으로 부에노스아이레스에 도착했다. '라틴 아메리카의 파리'라 불리우는 만큼 볼거리와 즐길 거리가 많은 이 큰 도시를 여행하기 위해 5일간 묵을 호스텔에 짐을 풀었다.

위험하기로 유명한 보카지구를 걷던 중이었다. 저 앞에서 우리를 향해 걸어오는 남자의 옷차림이 무언가 낯설다. 가까이 보니 멀쩡한 바지와 속옷을 무릎까지 내린 채 걸어오고 있다. 벌어진 손가락으로 눈을 가렸다.

보카 팀의 전시관에서는 희한하게도 마라도나의 기록을 찾을 수가 없다. 보카 주니어스에선 1년 밖에 뛰지 않았다고는 하나 온갖 말썽과 구설수로 많은 아르헨티나 사람들이 등을 돌렸다고.

에바 두아르테. 에바 페론. 에비타.

에바 페론은 아르헨티나 국민들에게 성녀로 추앙 받는다. 사생아로 태어나 열다섯 살에 연예인으로 성공하고 스물일곱에 영부인이 된 에바 페론은 파격적인 복지정책으로 국민적 지지를 받다가 서른세 살에 자궁암으로 사망한다. 서민의 영웅이었으므로 당연히 정적이 존재했고 방부 처리된 시신마저 멀고 먼 유럽 땅을 떠돌다가 24년이 지나 지금의 레골레따 공동묘지의 가족묘에 안치된다.

노동자와 빈민들을 향한 선심성 복지정책으로 아르헨티나 경제를 지금처럼 망쳐 놓은 장본인으로도 평가받고 있다. 노동과 자본의 승리는 같이 갈 수 없는 것일까.

화려한 고층 아파트의 마을 레골레따 한가운데, 화려한 공동묘지가 있다. 화려한 삶과 부유한 죽음이 공존하는 마을.

그곳에 에비타의 묘가 있다.

Don't cry for me Argentina..

22. 우루과이를 거쳐 이과수 폭포로

부에노스아이레스에서 페리를 타고 국경마을 콜로니아에 내려 버스를 타고 우루과이의 수도 몬테비데오에 도착했다. 그저 며칠 푹 쉬고 싶었다. 여행길에선 항상 무언가를 보고, 어딘가를 가야 한다는 압박감에 사로잡히기 쉽다.

아무도 우릴 쫓아오지 않는 이 여행길에 우리의 의무는 없는데..

우리 둘만 생각하면 되는데..

자주 잊어버리곤 한다.

1회 월드컵이 개최된 축구장을 구경하고, 유명한 소고기 요리 '아사도'를 찾아 헤맸다. 인데펜덴시아 광장에서 십오분 정도 바닷가를 향해 걸으니 식당이 밀집해 있는 메르까도(시장)가 나타난다.

시끌벅적한 메르까도에 들어가 마음에 드는 식당에 앉아 아사도를 주문하면, 일단 양에 한번 놀라고, 고기 외에는 아무 곁들임 요리가 없는 것에 또 놀라는 고깃덩어리가 나온다.

남미 이곳저곳의 아사도는 조리한 모양이 다양한데, 여긴 매우 두껍게 썰어 구웠다. 딱 세 점 까지만 맛있다. 그 이후엔 어마어마한 느끼함을 만나게 된다. 하나면 두 명이 배부르게 먹을 정도의 양이다.

　짧은 우루과이 소풍을 마치고 다시 아르헨티나 부에노스아이레스로 돌아와 서둘러 이동할 채비를 했다.

　호스텔에 맡겨 둔 배낭을 메고 저녁으로 대충 햄버거 하나를 먹었다. 퇴근길의 만원 지하철을 타고 버스터미널에 도착, 출발하려는 버스를 손짓으로 잡아 올라타니 벌써 기진맥진이다.

　장장 스무 시간의 이동.

　버스에서 제공되는 똑같은 식사를 몇 번인지 기억나지 않을 정도로 먹고 나서야 드디어 남미의 BIG 3 중 하나인 이과수 폭포의 마을 푸에르토 이과수에 도착했다.

이과수 폭포는 아르헨티나, 파라과이, 브라질 세 나라의 국경을 모두 안고 있지만, 파라과이만 이과수의 절경을 품지 못했다. 폭포의 80 퍼센트 정도가 이곳 아르헨티나 영토에 속해 있다. 나이아가라 폭포와는 비교할 수 없는 규모로, 루즈벨트 대통령의 영부인이 이과수 폭포를 보고 "poor Niagara!" 라고 탄식했다고.

마을 깊숙이 더 들어가면 더 싼 숙소를 구할 수 있겠다. 항상 느끼지만 이동 후 숙소를 찾아 헤매는 것이 가장 피곤하다. 터미널 근처의, 마당이 넓어 기분 좋은 호스텔에 짐을 풀었다.

역시나 날씨가 관건이다. 앞으로 쭈욱– 비가 온다는 예보. 비가 오면 꽝이다. 호스텔 매니저도 날씨가 좋지 않겠다며, 이곳에 계속 있다가 크리스마스를 같이 보내자 한다.

다음 날. 끝내주는 날씨.

왕복택시(1인 만 원 정도)를 타고 국립공원까지 갔다.

다양하게 둘러볼 수 있는데, 대략 세 가지의 코스. 우린 먼저 악마의 목구멍Garganta del Diablo으로 향했다. 이과수 물의 절반이 악마의 목구멍으로 쏟아져 내린다고 한다.

꼬마기차를 타고 '악마의 목구멍'역에 내려 긴 다리를 건너면, 엄청난 굉음과 함께 느닷없이 거대한 물줄기가 나타난다.

'아직 마음의 준비가 안됐는데..'

사진으로 담을 수 없다. 복잡한 감정에 사로잡힌다. 엄청난 스케일에 압도되기도 하고, 머리가 띵한 폭포소리에 정신이 없기도..

이과수 폭포를 온 몸으로 맞을 수 있다는 보트를 탔다. 1인 450페소, 우리 돈으로 3만 원 정도.

볼리비아에서 산 판초우의를 입고 가장 앞자리에 앉았다.

우의가 필요 없었다. 속옷까지 다 젖어 버렸다. 안경과 액션캠을 단단히 부여잡고 물벼락을 똑바로 보기 위해 고개를 쳐들었다. 물론 붕어가 아닌 이상 눈을 뜰 순 없다. 웬만한 맷집을 소유하지 않은 이상 고개를 계속 쳐들고 있을 수도 없다. 이과수 폭포를 가장 원초적으로 만날 수 있는 방법.

굉음과 함께 떨어지는 호된 물벼락을 맞고 어린 아이가 된 우린 숙소로 돌아와 싸구려 와인과 맥주를 마시며 비로소 동심에서 벗어났다.

아르헨티나 이과수의 감동을 안고 또 다른 이과수를 보기 위해 국경 넘는 버스에 올랐다. 매우 허술한 브라질 입국심사 후 다시 같은 버스를 타고 이과수 국립공원에 도착, 다시 한 번 이과수를 만났다.

같은 폭포이지만 시점에 따라 전혀 다른 감동을 선사하는데, 인희는 브라질의 이과수를 더 좋아했다. (사실 아르헨티나 이과수에서 큰 코아티 한 마리가 인희에게 올라타 날카로운 발톱으로 허벅지에 상처를 남겼었다.)

　숙소 근처의 터미널에서 탄 버스의 기사가 종점에 다 왔다며 모두 내리라 한다. 브라질과 아르헨티나 그리고 파라과이, 세 나라가 접경하여 관광지가 된 Marco das tres Fronteiras.

　언제부터인지 꼭 와보고 싶어 했던 곳이다. 특별히 볼 것도 없는 곳이지만, 아마도 '국경'이라는 단어가 여행자에게 주는 설렘 때문이리라.

　우리가 선 브라질 땅의 이곳은 원래 파라과이 땅이었다고 한다. 브라질과 아르헨티나, 어마어마한 두 강대국들 사이에 낀 파라과이, 이리저리 참 많이 치인 모양이다.

파라과이로 향했다. 시내버스를 타고 국경에 내려 출국심사를 마치고 나오니, 기다리고 있겠다던 버스가 없다. 당황한 상태로 머뭇거리다가 파라과이 땅을 향해 국경에 놓인 긴 다리를 잠시간의 불법 입국자 신분으로 걸어서 건넜다.

입국심사장 같아 보이는 곳에 들어가 여권을 들고 서성이니 한 켠에서 우릴 부른다. 순식간에 도장 하나를 받고 나와 지도의 버스 터미널을 향해 걸었다.

파라과이 돈, '과라니'가 없어 걱정했는데 다행히 버스기사가 브라질 돈을 받는다. 국경의 의미가 없는 느낌이다. 파라과이의 원주민인 순수 인디오를 '과라니족'이라고 하는데 현재까지도 이들은 내륙 깊숙한 곳에서 원주민의 삶을 이어가고 있다고 한다.

국경마을 Ciudad del Este에 내려 파라과이 돈을 인출하고 다시 수도 아순시온행 고속버스에 올랐다.

아순시온엔 한인이 제법 많고, 한식당도 여럿 있다. 이민 1세대들. 멀고도 먼 파라과이에서 새로운 삶을 개척한 세대. 넘쳐 흐르는 정보를 듣고 배낭 메고 구경 다니는 우리도 이리 힘든데, 어떻게 이 먼 땅에서 살아오셨을까. 얼마나 외로웠을까. 상상도 하기 힘들다.

짜장면을 원 없이 먹고, 한인슈퍼에서 장도 보고.

아들과 함께 한국 식료품 가게를 운영하시는 아주머니는 건강해야 재미도 있는 거라며 김과 즉석밥을 듬뿍 챙겨 주셨다.

코가 찡하다.

'할매집'이라는 한식당이 있다. 모든 메뉴가 맛있지만 특히 김치찌개
는 예술이다. 할머니는 음식을 다 먹은 우리 곁에 앉아 시간 가는 줄 모
르시고 많은 이야기를 해 주셨다.

38년 전 처음 이민 올 때, 미국으로 가는 줄 아셨는데 알 수 없는 이유
로 파라과이에 내려 줄곧 파라과이에 사셨다고 한다.

먼 지구 반대편 이 땅에는 다행히 배추가 자랐고, 그렇게 지금껏 살아
오셨다고.

'참 많이 고생하셨어요..'

나흘 동안 그리웠던 한식으로 배를 채우고 푹- 쉬었다. 볼거리는 많지 않지만 지친 여행자들에게 푸짐한 한식의 정을 선물하는 파라과이의 아순시온을 떠나, 다시 브라질로 이동할 시간.

버스를 타고 국경마을 페드로 후안으로 가서 국경을 넘고, 브라질 국경마을 폰타 포라에서 도라도스로 가는 버스, 다시 도라도스에서 보니또로 가는 버스를 타야 한다. 험난한 여정.

새벽에 도착한 페드로 후안 터미널. 흥정이 불가능했던 택시는 이십 분 정도 달려 인적이 없는 컴컴한 건물 앞에 우릴 버리듯 내려주고는 떠나버렸다. 닫힌 문 앞에서 우린 당황했다

"여기 맞아?"

"이럴 거면 태우질 말았어야지."

쌀쌀한 새벽공기와 안개로 두어 시간 오들오들 떨며 점퍼를 꺼내 입고 기다린 끝에 아침이 밝았고 출국심사장 문이 열렸다.

간단한 출국심사가 끝나고 물어 물어 입국심사 하는 곳을 찾았다. 걸어서 20분 거리의 국내선 공항 안에 입국심사 하는 곳이 있다.

여권에 도장 하나를 받고 다시 30분 정도 걸어서 도착한 폰타 포라 터미널에서 닭다리와 엠빠나다로 허기를 달랜 후 오른 버스는 세 시간 정도 달려 도라도스라는 마을에 도착했다. 돈을 인출한 후 다시 버스.

총 25시간의 이동 끝에 보니또에 도착했다.

본격적인 브라질 여행이다.

보니또는 투어의 마을이다. 여행 안내책자에서 본 푸른 정글과 투명한 강물 사진이 우릴 여기까지 오게 했다.

거대한 싱크홀 주변을 둘러보며 아라라스(앵무새) 등의 동물들을 관람하는 투어에 우리 돈으로 이만 사천 원 정도를 썼다.

아라리스. 후크 선장 어깨 위의 앵무새다. 이 앵무를 얼마나 보고 싶었는지 모른다. 이 앵무새들은 알까. 자신들이 얼마나 아름다운 모습으로 원 없이 날다 사라지는지. 어려운 곡예비행을 해내기 위해 목숨을 걸었던 '조나단' 만큼이나, 아름다운 아라라스가 부럽다.

보니또에서 캄포그란데까지 6시간, 그리고 쿠리치바까지 18시간을 이동했다. 땅 참 넓다.

친환경 도시로 유명한 쿠리치바의 바리퀴 공원. 세상에서 가장 큰 설치류, 카피바라가 산다고 하여 찾아갔다.

시간 가는 줄 모르고 귀여운 카피바라들과 함께 공원을 거닐고 있는데, 경찰차가 옆에 선다. 두 명의 경찰이 손에 권총을 꺼내 들고 내리더니 여권을 보여 달라 한다.

'아니, 무섭게 왜 총을 들고..'

영어로 더듬더듬, 어두워지면 위험하니 앞가방을 조심하고 들어온 입구 쪽으로 조심히 나가라고 한다.

밤늦게 버스를 타고 새벽에 도착한 어마어마하게 큰 상파울루 터미널에서 파라치행 버스회사 부스를 간신히 찾았다. 아침 7시부터 운행하는 버스가 있는데, 우린 그중 가장 싼 아홉 시 버스표를 샀다.

대도시. 정신 없고 삭막하다. 잠시 담배를 피우러 나갔는데, 담배 하나 피우는 사이에 세 명의 부랑자가 담배를 구걸하러 왔다. 웃으며 없다고 하니 상스러운 소리를 뱉고 지나간다. 담배가 진짜 없었다.

오후 세 시 즈음 파라치에 도착해 빈 베드가 있는 호스텔을 찾아다녔다. 작은 마을에 호스텔이 상당히 많은데도 모두 다 만실이다. 숙소마다 문을 두드리고 다니는 길이 너무 더웠고 배낭은 무거웠다. 마음 같아선 비싼 호텔로 그냥 들어가 버리고 싶었다.

'이 작은 마을에 관광객이 왜 이렇게나 많은 거야.'

후에 알고 보니, 휴가철을 만난 브라질 사람들의 휴양지라고.

암튼 우여곡절 끝에 구한 호스텔. 2박부턴 파격세일이다. 보통의 싸구려 호스텔이 1박에 70~100헤알이니 4만원 조금 안되는 정도.

호스텔에 음식을 해 먹을 주방은 있는데 조리기구와 식기가 없었고, 마땅히 앉아 먹을 자리가 없어 복도의 테이블에서 식사를 해결해야 했다. 레스토랑들 역시 우리 주머니 사정을 헤아려 주지 않았다.

아침 일찍 미리 예약한 보트를 찾아 부두로 향했다. 보트를 타고 하루 종일 파라치 앞바다(국립공원)를 돌아다니며 스노클링을 하고 돌아오는 투어.

생각보다 크고 화려한 보트에 오른 우린 일단 제일 앞 쪽에 자리를 잡고 누웠다. 우리를 제외한 모든 사람이 브라질리언인데 상당히 시끌벅적하고 유쾌하다. 끊임없이 흘러나오는 라틴음악에 모두들 실오라기같은 수영복을 걸친 엉덩이를 쉴 새 없이 흔들어 댔다

우리 역시, 길고 길었던 남미여행의 종착지가 다가오고 있다는 사실을 잊기 위해 쉴 새 없이 푸른 바다에 몸을 던졌다.

파라치에서 출발한 버스는 점심 즈음 리우데자네이루에 도착했다. 터미널 내의 택시 부스에서 목적지를 말하고 택시티켓을 끊는데, 역시나 흥정에 실패하고 45헤알에 숙소까지 이동. 흥정을 기어코 잘 해내는 사람들을 보면 참 부럽다.

호스텔 주인의 말이, 오늘 날씨가 간만에 좋다고 한다. 안개가 끼거나 구름이 많으면 예수상을 제대로 보지 못한다고 하여 짐을 풀고 서둘러 예수상으로 향했다. 호스텔 앞에서 우버를 불러 타고 전망대 매표소까지 가서 입장권을 끊고 기다리다 그룹별로 입장하여 승합차를 타고 전망대로 이동.

드디어 포르투갈로부터의 독립 100주년 기념으로 세워진 예수상에 도착했다. 세계 7대 불가사의 중 하나인데, 인터넷 투표의 결과로 선정 과정에 말이 많았다고 한다. 우리나라도 유사한 경험이 있었지.

사실 불가사의로 지정될 이유가 딱히 없긴 하다. 우리에게도 리우데자네이루의 상징물이니 보고 가야 한다는 일념 이외엔 별 기대가 없었었다. 그러나, 아름다운 하늘의 모습과 더불어 모든 것을 포용하고 있는 거대한 구세주의 형상에 우린 뜻밖의 울림을 얻었고 한동안 고개를 쳐들고 각자의 기도를 했다.

우린 5인실에 묵었는데, 그 중 한국인 여자가 한 명 있었다. 방 밖을 전혀 나가지 않던 그녀는 인희에게서 세면도구를 자꾸 빌려가더니, 나중엔 나지막한 목소리로 침대에 걸어 놓은 수건까지 빌려 달라 했다. 뭔가 께름칙함을 느낀 우린 조용히 방을 옮겼다.

설탕빵산(Sugarloaf). 일명 '빵산'. 빵 모양 또는 설탕을 쏟아 쌓은 모양 등등 해석이 많다. 아무튼 케이블카를 타고 올라 리우의 전경과 야경, 멀리의 예수상을 볼 수 있는 뾰족한 산이다. 야경을 보기 위해 세 시에 숙소를 나섰다.

만만찮은 입장료. 유효기간이 지나버린 국제학생증을 매표소에 밀어 넣으니, 유심히 학생증을 보다가 속아주듯 반값의 할인을 해 준다.

올라보니, 리우데자네이루가 왜 세계 3대 미항 중 한 곳인지 알 수 있었다. 아름답다. 해가 지기 시작하니 멀리 예수상이 하얗게 빛난다. 가장 좋은 자리를 잡아 주저앉은 우린 그렇게 인생 최고의 야경을 만났다.

"최고인데?"

"우리 돈 아끼려고 여기 안 왔으면 정말 후회할 뻔 했겠다."

"안 왔으면 우리 인생 야경은 아직도 멕시코였을 텐데."

23. 낙원, 제리코아코아라. 안녕, 남미

포르탈레자라는 북동의 도시로 오랜만에 비행을 했다. 우리의 길었던 남미 여행의 마지막 마을, 제리코아코아라Jericoacoara라는 마을로 가기 위해서다. 이름 한번 길다.

저녁 늦게 포르탈레자 공항에 도착. 숙소가 있는 해변 마을까지는 시내버스 두 번을 타고 1시간 정도 걸린다. 택시를 타면 만 원 돈으로 빨리 쉽게 갈 수 있을 텐데. 아껴야 하는 여행길이라지만 컨디션이 좋지 않을 때면 서로에게 미안할 뿐이다.

밤늦게 짐을 풀고 지도를 보여주며 가까운 편의점에 나가도 되겠냐고 호스텔 직원에게 물으니 당연하다는 듯 절대로 나가지 말라고 한다. 하나 남은 컵라면으로 간신히 허기를 달랬다.

다음 날 수영복을 입고 포르탈레자 구경에 나서 한참을 걸어 도착한, 어디선가 본 듯한 해변. 바다로 길게 뻗은 높은 다리 위에선 겁 없는 아이들이 다이빙을 한다. 바다를 등지고 있으면 파도에 뒹굴뒹굴, 머리가 땅에 처박힐 정도로 파도가 엄청나다. 15분 뒤, 우린 그 정도면 만족한다는 듯 멋쩍게 파도로부터 도망쳐 나왔다.

이른 새벽. 호스텔에서 미리 예약한 승합차를 타고 제리코아코아라로 향했다. 이 이쁜 마을 이름을 보통 '제리'라고 줄여 부른다.

브라질에 가면 반드시 북동쪽까지 올라가라고 어디선가 보았다. 몇 번을 느끼지만 브라질은 정말 넓다.

지조카Jijoca라는 동네에서 사륜 구동차로 갈아타고, 총 7시간 걸려 도착한 제리. 걸어서 20분이면 모두 둘러볼 수 있는 작은 마을이다. 우린 도착하자마자 이 마을의 매력에 푹 빠졌다. 마지막 마을이라는 시원섭섭하고 요상한 감정과 섞여.

5개월의 중남미 여행을 차분히 되뇌어 보았다. 주체할 수 없을 만큼 감사한 장면들이 수도 없이 지나간다. 재미있게도, 각각의 아름다운 장면들엔 그 당시 같이 한 여행자들의 얼굴이 함께 각인되어 스쳐간다.

다들 참 보고 싶다. 서로의 배낭이 무겁지 않도록 힘이 되어 준 사람들. 우리 부부를 이해해 주고 같이 추억을 만들어 준 사람들.

진심으로, 모두들 어디서든 행복하길.

수영복을 입고 사륜구동 차에 올라타 'Lagoa do Paraiso' 로 소풍을 나섰다. 천국의 호수?

모래 사막 한가운데 투명하고 시원한 빗물이 고여 천국의 형상이 되어 버린 이곳, 낙원이다. 가기 쉽진 않지만 그리고 다른 곳들에 묻혀 알려지지 않았지만, 브라질을 길게 여행한다면 반드시 가 봐야 할 천국이다. 우린 이 천국에서, 여행 내내 지고 있던 모든 피로와 부담감과 상처와 걱정들을 씻어 냈다. 그 무거운 것들 중 일부는 애초부터 우리 여행길에 필요가 없었을지도 모르겠다. 지나고 나면 보이는 것이 인생 아닌가.

그리고 아무 탈 없이 중남미 여행을 마친 우리에게 스스로 보상이라도 하듯 "좋다~!"를 외치며 신나게 웃었다.

"안녕, 남미"
'길고도 아름다웠던 꿈. 고마웠다.'

24. 이집트 다합과 페트라 그리고 이집트 비자

리우데자네이루 공항에서 모로코행 비행기를 탄 우린 카사블랑카에 내려 한 시간 안에 이집트 카이로행 비행기로 갈아타야 했다. "쏘리"를 외치며 정신없이 뛰면서 샌프란시스코 공항에서의 악몽을 떠올렸다. 집 으로 돌아가야만 할 뻔 했던.

그래, 뛸 땐 눈치보지 말고 뛰어야 한다.

샴엘세이크 공항에서 택시를 잡아 타고 밤늦게 다합에 도착하여 예약 해 놓은 한인 다이빙 도미토리에 짐을 풀었다.

만감이 교차했다. 좋은 바다와 편-한 쉼이 있다던, 그렇게도 오고 싶 었던 곳, 그리고 한동안 배낭을 다시 짜지 않아도 괜찮을 만한 곳에 드디 어 짐을 풀었다.

이곳, 다합은 오로지 스쿠버 다이빙이다. 무척이나 싼 다이빙 가격 덕에 국적을 초월한 다이버들이 장기간 체류하며 다이빙을 즐긴다. 한국인 여행자들에게 이집트 다합은 가까운 곳이 아니기에 주로 장기 배낭여행 자들이 그간의 여독을 풀며 다이빙을 배우고 멀리서 온 친구들을 마중하고 배웅하며 긴 여행길에서의 또 다른 추억을 남긴다.

집으로, 다른 여행지로 떠나는 사람들. 그들에게 헤어짐의 아쉬움을 마음껏 표현하는 청춘들. 머쓱한 얼굴로 무거운 배낭을 푸는 사람들에게 다시 마음을 여는 친구들. 나는 도대체 언제, 저런 아쉬움과 반가움을 맘껏 표현하는 방법을 잊게 된 걸까.

애초 우리의 다합 생활 계획은 딱 한 달이었다. 한 달 동안 다이브 마스터가 되고, 다음 행선지인 아프리카 여행 정보를 공부한 후 떠나기로.

그러나 도무지 출구를 찾을 수 없는 다합 생활.

샴엘쉐이크에 가서 550파운드를 주고 비자를 연장했다. 이집트에 장장 6개월을 더 있을 수 있는.

다합 거리의 여행사에서 요르단 페트라 투어를 예약했다.

이른 새벽, 숙소 앞에서 픽업차를 타고 달리다 대형버스로 갈아탄 뒤 아침이 되어 타바항에 도착, 출국심사를 마치고 페리를 탔다. 국경을 건너 다시 버스를 타고 비몽사몽- 차창 밖으로 또 다른 나라 요르단을 훔쳐보며, 정오가 되어 페트라에 도착했다.

Petra. 그리스어로 '바위'란 뜻이다. 기원전 7세기부터 2세기까지 유목민 나바테아인이 건설한 고대 도시. 사막의 대상들이 지중해와 홍해에 다다르기 위해 반드시 거쳐야 했던 곳에 이렇게 신비로운 도시를 건설해 놓고 번성했다고.

페트라가, 모세의 무리가 출애굽을 했던 통로라는 글을 어디선가 꽤 많이 보았다. 애굽(이집트)에서 탈출하여 지금의 팔레스타인, 이스라엘로 이동하였다면 이곳을 거쳐갈 수 있었겠으나, '페트라'를 거쳐갔다는 이야기는 틀렸다. 출애굽은 기원전 13세기였으니까.

감탄사를 연발하며 시크Siq(협곡)를 걷고 걸으니, 드디어 알 카즈네가 빼꼼히 보인다.

요르단을 다녀온 결과, 우리 이집트 비자에 문제가 발생했다.

연장했던 6개월 비자가 요르단 국경을 건너면서 연장 하루 만에 즉시 만료되고 단 2주짜리 시나이반도 비자가 발급되어 버린 것이다. 다합 거리의 여행사에선 문제가 없다고 했었는데. (그 여행사는 사라졌다!)

카이로의 피라미드를 여행하고, 후루가다 다이빙도 하고 싶었던 우린, 한 달짜리 이집트 비자를 다시 받기 위해서 샴엘셰이크 공항에 다시 가야 했다. 공항에서 이리저리 끌려 다니길 네 시간. 결국 100달러를 내고 여행 보증인의 보증을 받아 요르단에서의 재입국 날로부터 한 달만 체류가 가능한 비자를 구입했다.

남은 다이브 마스터 일정과 이집트 다른 곳으로의 여정을 위해 아프리카 여행을 끝내고 다시 이집트로 돌아오기로 했다.

필요한 짐만 챙기고 큰 배낭 하나를 도미토리에 남겨 놓았다. 반드시 돌아와야 할 수밖에 없게끔.

정든 여행자들과의, 다시 만나자는 기약 없는 작별인사.

이렇게 두 달 하고도 일주일의 짧은 다합 생활을 끝낸 우린, 다이빙 장비 메듯 배낭을 메고 다시 길 위에 섰다.

25. 안녕? 아프리카!

나이로비 공항에 내려 택시를 타고 예약한 숙소에 도착했다. 체크인할 때 투어 호객꾼이 붙었다. 아마도 택시 기사와 정보를 나눈 듯하다. 어디서 왔는지, 어디로 갈 건지 등등 소소한 대화를 나누는데, 호텔 주인이 대화하지 말라며 호객꾼 몰래 나에게 고개를 가로젓는다.

'그 정돈 나도 알지.'

계속되는 투어 설명을 무시하고 방으로 올라가려는데, 끈질기게 붙는다. 지금은 내가 너무 피곤하니 올라가야 한다 하고 무시했다.

그 호객꾼은 우리를 만나기 위해 사흘동안 호텔 로비에 있었다! 간간히 청소부를 통해 기다리고 있다는 메모를 우리 방으로 전하기도 하고. 참 끈질기다. 후에 투어를 나가는 우리를 붙잡고 커피값만 달라 하는 것을 거절하니 욕을 신나게 퍼붓는다.

오래된 침대와 낡은 화장실, 가끔씩 바퀴벌레도 출현하지만 그럭저럭 지낼 만 하다. 주변에 큰 마트도 있고 인터넷도 괜찮다. 미지근하지만 온수도 나오고. 우린 이 호텔에서 삼일동안 아프리카 여행 계획을 세우고, 지독히도 즐거웠던 다합 추억을 해감하려 애썼다.

약도를 그린 종이를 들고 삼십분 정도 걸어 도착한 여행사에서 다음 날 출발하는 2박 3일짜리 마사이 마라 투어를 250불에 예약했다.

아침 일찍 투어사에서 출발. 두바이 청년 두 명, 케냐 여성 두 명, 네덜란드 소년 한 명, 베트남 친구 한 명, 그리고 우리. 이렇게 여덟 명이 한 팀이 되어 뚜껑이 열리는 낡은 봉고차를 타고 드디어 마사이 마라로 향했다.

　마사이 마라와 세렝게티는 각각 케냐와 탄자니아에 속해 있다. 즉, 두 초원은 같은 땅이란 말이다. 동물들에겐 국경이 없으니.

　건기가 되면 남쪽 세렝게티에서 북쪽 마사이 마라로 누 떼들이 대이동한다. 네 명씩 일행을 나눠 태운 봉고는 뚜껑을 활짝 연 채 끝없는 행렬로 초원을 뒤덮고 있는 누 떼들을 피해가며 어디에 무엇이 있다는 정보를 공유하는 무전기를 켜고 드넓은 초원을 달린다.

다시 나이로비로 돌아오는 중 얼마전 있었던 대선이 법원에 의해 무효가 됐다는 소식을 들었다. 소요가 있을지 모른다는 소식도 함께.

도착한 나이로비 시내엔 수많은 군중이 몰려나왔는데, 시끄러운 부부젤라 소리와 함성만으론 대선 무효에 열광하는 군중인지, 반대하는 군중인지 알 길이 없다. 그 곳에 섞여 있다간 큰일나겠다 싶어, 잠시 여행사 사무실에 대피해 있다가 사무실 직원과 동행하여 빠른 걸음으로 숙소에 도착했다.

숙소 로비에는 우리가 나이로비에 도착했을 때 붙었던 사파리 호객꾼이 아직도 우릴 기다리고 있었다. 며칠 전 욕을 퍼붓던 얼굴이 무색하게, 사파리가 어땠냐며 나이로비에 얼마나 더 머무를 건지 묻는다. 낡은 팜플렛을 들이밀며 다른 투어도 많으니 생각이 바뀌면 언제라도 말을 하란다. 숙소 밖으로 나가기가 참 힘들었다.

이집트 다합에서 두 달을 넘게 같이 있었던 B형과 G형을 만났다. 만날 장소를 지도에 표시한 후 마치 정보기관의 요원들처럼 비밀스럽게 접선한 우린 몇 년을 알고 지낸 사이처럼 반가워했다.

이 형들은 십 년 간의 아프리카 생활을 정리하고 한국으로 돌아갈 준비를 하고 있었다. 오랜만의 소주와 푸짐한 한국음식, 나이로비 근교 여행을 함께 하며 다합의 작은 방에서 기타를 치며 목이 쉬도록 노래를 불렀던 추억을 떠올렸다.

형들이 준비한 많은 선물들에 고마움을 표현하기에도, 다합에서의 수많은 웃음거리들을 모두 회상하며 회포를 풀기에도 너무 짧은 이틀.

내내 마음 한 켠이 너무 무거웠다. 너무나 짧았던 휴가의 마지막 날, 가족들과 저녁식사를 하는 머리 짧은 어느 일병의 감정과 비슷할 거라고 생각했다. 한국에서 곧 만날 것을 약속하면서 크게 웃었다.

헤어진 그날 밤, 퉁퉁 부은 눈의 인희는 우리의 모든 걸 내놓아도 아깝지 않을 사람들이라고 했고, 나는 그 말에 아주 쉽게 동의했다. 너-무 좋은 사람들이니까.

우린 아주 큰 행운의 인연을 얻었다.

참 감사한 여행길이다.

나이로비의 도심은 복잡하고 시끄럽다. 매연으로 가득한 무질서한 도로를 위태위태하게 건너 다녀야 한다. 손에 든 자바 하우스 커피와 우리 얼굴을 번갈아 쳐다보는 얼굴들. 신문을 보는 말끔한 양복쟁이와 눈을 반쯤 감은 맨발의 비렁뱅이가 같은 벤치에 앉아 있는 혼란스러움.

밤에 숙소에서 내려다보면, 약인지 술인지 모를 것에 취한 사람들이 휘청거리는 풍경이 섬뜩하다. 이따금 올려다보는 이들의 눈과 마주치기도, 커튼을 치고 있다가 잠시 뒤에 다시 빼꼼히 내려보면 여전히 날 올려보고 있기도 했다.

탄자니아 모시로 가는 버스를 탔다. 중간 즈음, 모두 내리라는 손짓에 급히 내렸다가 우리 짐을 그대로 싣고 출발하려는 차를 멈춰 세우고 버스 천장에 묶어 둔 배낭을 내렸다. 눈앞에서 배낭을 잃어버릴 뻔.

영문도 모른 채 갈아탄 버스의 바퀴에 또 문제가 생겼다. 드넓은 초원 위에서 펑크 난 바퀴를 수리하는데 두 시간이 걸렸다. 그렇게 여덟 시간이 걸려 도착한 평화로운 마을, 모시.

킬리만자로에 오르지 못했다. 너무 비쌌다. 아쉽지만, 쉽게 포기하게 해 주는 금액이므로 큰 미련은 남지 않았다.

길거리에서 네일 아트를 해 주는 청년들의 의자에 인희가 일단 앉았다. 이천 실링이란다. 우리 돈 천 원. 옆의 아줌마와 돈을 숨겨 주고 받는 걸 보니 원래는 천 실링인가보다. 탄자니아 국기 모양을 권하길래 그러라고 했다. 다 하고 나니 색당 이천 실링이라고.. 삼천 실링을 주고 붉은 악마 티셔츠를 입은 청년들에게서 돌아섰다.

2주가 지나도 전혀 지워지질 않았다.

모시에 의외로 한식당이 있다. 맛있는 김치찌개, 나와 동갑이라는 사장의 끝없는 이야기, 우리 발 밑을 아무렇지 않게 지나다니는 고슴도치. 그리고 그날 저녁의 기억을 잃게 한 소주.

모시에서 버스를 타고 열세 시간. 다르에스살람에 도착하여 철창으로 무장된 숙소에서 하루를 묵고 35불짜리 잔지바르행 페리를 탔다.

몇 해 전이었던가, 매우 추웠던 겨울의 어느 날. 퇴근 후 집 앞의 단골 맥주집에서 인희가 잔지바르에 꼭 가고 싶다 했었다. 그 당시엔 잔지바르가 이렇게 먼 곳이었는지, 큰 배낭을 메고 우리가 정말로 발을 딛게 될지 전혀 상상하지 못했었다.

Numgwi. 잔지바르 섬 북단의 능귀 해변은 일몰이 일품이다. 산책을 하고 바다 앞에서 맥주를 마시고 스쿠버 다이빙을 하고. 그렇게 능귀에서 5일을 보냈다.

섬 남쪽에 돌고래들이 많이 다닌다는 정보를 따라 도착한 잔지바르 섬의 최남단 마을, 카짐카지^{Kizimkazi}.

아침 6시 반에 돌고래를 찾기 위해 출발했다. 쌀쌀했다. 잔뜩 튀는 바닷물도 차다.

'물에 들어갈 수 있을까..'

먼 바다를 향해 삼십 분 정도를 달리며 돌고래를 찾던, 숙소 주인이자 작은 배의 캡틴 Omari의 다급한 목소리.

"Jump, jump!!!"

핀을 신을 새도 없이 뛰어든 순간 눈앞에 헤엄치는 돌고래 떼. 그리고 다큐멘터리에서나 듣던 돌고래들의 삐-삐- 울음 소리.

간단히 샤워를 하고 다시 보트에 오를 준비를 했다. Omari는 뭘 하려는지 점심 거리 준비에 한창이다. 비밀스럽게 무언가를 숨기는데, 슬쩍 보니 랍스터 몇 마리를 주섬주섬 챙기고 있다.

맹그로브 숲을 탐험하다가, 바다 한가운데에서 만난 어부에게 점심식사용 고기 몇 마리와 오징어 두 마리를 샀다.

그렇게 점심 즈음, 우리 작은 배는 아주 작은 모래섬에 뱃머리를 부딪히며 정박했다. 꿈 속에서나 보던 바다. 아무런 예고도 없이 우린 믿기지 않을 정도로 아름다운 바다 한가운데 발을 딛었다.

"꿈인가?"

하루에 단 두 시간 밖에 나타나지 않는, 사방이 에메랄드 빛 바다에 둘러싸인 이 천국의 한 장면은, 언젠가 인희가 오고 싶어했던 잔지바르의 모습이 분명했다.

26. 빅토리아 폭포를 거쳐 최남단, 희망봉으로

키짐카지에서 트럭, 달라달라를 탔다. 더 이상 탈 수 없을 것 같지만 엉덩이를 꽉꽉 끼우며, 조그만 트럭에 이십 명 이상이 타고 두 시간 정도를 달려 스톤타운에 도착.

스톤타운은 마치 미로 같았다. 낡고 오래됐지만 정감가는 골목들을 누비며 나이트마켓의 그 유명한 잔지바르 피자를 주식으로, 우린 이 미로에 닷새를 갇혔다.

저렴한 항공편을 쫓아 다르에스살람에서 장장 17시간이 걸린 끝에 짐바브웨 빅토리아 폴스 국제공항에 도착했다.

마을 참 평화롭다.

숙소에서 30분 정도 걸으니 빅토리아 폭포 국립공원 입구가 나온다. 입장료를 내고 들어가서 안내판을 따라 걸으면 모든 뷰 포인트를 전부 볼 수 있다. 총 두 시간 정도면 모두 둘러볼 정도.

지금은 건기이니 엄청난 수량의 폭포를 볼 수는 없지만, 대자연은 여행하는 자들에게 언제나 큰 선물이다. 남미의 이과수 폭포와 마찬가지로 빅토리아 폭포 역시 짐바브웨와 잠비아 두 나라에서 모두 감상할 수 있다. 국경을 넘나드는 폭포 구경을 위해 하루짜리 잠비아 비자와 가방 속의 든든한 간식만으로 충분했다. 엄니가 무섭게 튀어 나온 멧돼지들과 가끔 만나는 큰 개코원숭이, 바분만 조심하면 평화롭기만 하다.

　숙소에서 멀리 떨어지지 않은 곳에 너무나도 반가운 KFC가 있는데, 양이 꽤 많아 다 먹지 못해 남은 치킨을 싸들고 나올 때면 변변찮은 조각품을 파는 청년들이 모이곤 했다. 자기 물건과 바꾸자며.

　어떤 의미일까. 95 퍼센트의 가난한 흑인들의 땅에서 이 이질적인 KFC의 간판은.

빅토리아 폴스 공항에서 블라와요, 요하네스버그를 거쳐 케이프타운에 도착했다. 듣던 대로 유럽처럼 깔끔하고 비싼 동네다. 곳곳마다 파티가 끊이질 않고 고급스런 까페가 즐비하다. 까페의 수 만큼 어두운 골목엔 부랑자들도 많아 밤거리는 늘 조심해야 했다.

이집트에서 다이빙을 같이 했던 반가운 E를 다시 만났다. 웃으며 호스텔로 들어온 그녀에게서 남아공 여행 내내 에너지를 듬뿍 얻었다.

일 년을 넘긴 내 국제운전면허증이 이미 종이 쪼가리가 되어 버린 탓에 자동차를 렌트한 한국인 여행자들과 동행했다. 교통비가 비싼 남아공의 이곳저곳을 여행하려면, 차를 빌리는 것이 필수인 듯 싶다.

유명한 장소를 네비게이션에 찍어 대며 쉴 새 없이 달리던 우린 결국 희망봉에 도착했다.

약 600년 전, 포르투갈의 선장 바르톨로뮤 디아스가 왕의 명령을 받고 인도로 가는 항로를 찾다가 발견한 곳(Cape).

처음엔 훨씬 동쪽, 지금의 포트엘리자베스 즈음에서 이 곳을 보았단다. 대서양과 인도양이 만나는 이 험한 바다의 땅에 '폭풍의 곳'이라는 이름을 붙였고, 후에 인도로 항해하는 바스코 다가마와 다시 동행했다가 이 바다에서 죽었다고. 선원들을 달래기 위해, 그리고 포르투갈의 미래를 위해 '희망봉'이라고 다시 이름을 붙였다고 한다.

누구를 위한 희망이었는가. 아프리카에게는 절망의 시작이었겠다.

오래전, 털로 무장한 유럽인들의 '대항해 시대' 무대 위에 거칠었던 그 바람을 맞으며 서 있다고 생각하니 가슴이 벅차 올랐다. 그들의 그 대단했던 모험심이 지금 이 세상의 모습을 만들었겠지.

219

구름에 가려진 테이블 마운틴의 모습에 아쉬워하며 워터프론트를 거닐었다. 잔뜩 낀 구름이 순간 걷히는가 싶더니 깨끗해진다.

케이블카를 타기 위해 택시를 얼른 잡아탔다.

바다에 찰랑이는 사암덩어리 땅이 엄청난 지각운동으로 1,087미터나 한번에 융기해 버린 결과 이런 어마어마한 지형이 만들어졌다. 참 멋진 자연을 가진 땅이다. 거대한 자연을 품었다는 자부심이 사람들에게서도 자연스럽게 드러난다.

대자연을 마음속에도 품어버린 그들.

고래를 볼 수 있는 마을, 간스바이Gansbaai.

계절에 따라 여러 종류의 고래를 볼 수 있다고 한다. 작은 배에 승선하고 고래를 찾아 출발했다. 20분 정도 달렸나. 저 멀리, 고래 꼬리가 첨벙거린다.

남방긴수염고래(Southern right wale). 배에 가까이 다가오더니 신비로운 큰 눈으로, 꿈 속을 헤매는 사람들을 구경하고는 사라졌다가 배의 반대편으로 물을 뿜으며 다시 나타나길 반복한다.

참 멋지고 아름다운 생명이다.

고마운 고래들. 자신들이 얼마나 많은 사람들의 소원을 이뤄주고 있는지는 알까..

비행기를 타고 남아프리카공화국의 남동쪽 해안, 더반 공항에 내려 택시를 타고 밤늦게 도착한 다이빙 센터.

빈 침대 두 개를 찾아 짐을 풀고 주린 배를 달래며 나와, 불이 켜져 있는 근처의 레스토랑으로 가 맥주로 허기를 달랬다.

이튿날 아침. 장비를 받고 5미리 수트를 입고 서둘러 나섰다.

상어 다이빙은 크게 두 가지, 보트에 매달린 철창 상자에 들어가 상어를 구경하는 cage diving과 상처 낸 작은 물고기들을 드럼통에 넣고 흔들어 다이버들 주변으로 상어들을 유인하는 baited-shark diving이 있다. 케이지 다이빙은 보통 white sharks를 보기 위함인데, 철창에 갇혀 자유롭게 유영을 하지 못하니 우리에겐 크게 매력이 없었다.

차에 싣고 온 보트를 모래사장에 내리고 다 같이 밀어 바다에 띄우는데, 모두가 온 힘을 다해 미는 중 인희의 다이빙 컴퓨터 줄이 끊어졌다. 괜히 심장이 두근거리기 시작했다.

물이 어마어마하게 차다. 파도가 너무 높아 해안선과 수평으로 달리면서 치고 나갈 기회를 엿보다가 선장이 안되겠다는 듯 크게 묻는다.

"로데오 해 봤지?"

"아뇨?!?!"

"여태 왜 안 해봤어? 그냥 꽉 잡아."

선장의 말을 따라 온 힘을 다해 보트의 끈을 붙들었다. 정말 집채만 한 파도를 뚫고 다이빙 포인트까지 로데오를 했다.

한참을 달리니 잔잔해지는 바다.

먼저 상어가 있는지 미끼 몇 마리를 던져본다. 영화에서나 보던 상어 지느러미들이 수면 위에 춤을 춘다.

'괜찮은 건가..'

구멍 뚫린 드럼통에 꽁치같은 미끼들을 잔뜩 넣고 빠뜨리면 근처의 상어들이 모여든다. 그때 입수하면 상어 떼를 만날 수 있다.

20도의 수온인데, 기분 탓인가. 마치 얼음장 같았다. 움직임이 많지 않아 공기소모가 적지만, 다이빙 시간은 50분으로 한정한다.

뭐 충분히 떨다 나올 수 있는 충분한 시간이다. 우리 인생에서 가장 다이나믹했던 순간.

아. 상어의 피부는 끈적끈적했다. 고양이의 혓바닥처럼.

27. 지상낙원, 세이셸

더반에서 요하네스버그, 새벽까지 공항 내에서 대기 후 다시 케냐항
공으로 나이로비를 거쳐 세이셸에 도착하는 긴– 여정. 그러고 보니 벌써
집 나온 지 일 년이다.

세이셸 국제공항에서 나오니 칠흑같은 어둠 속에 버스정류장이 있다.
우린 이 '마헤'섬 서쪽의 유명한 보발롱Beau Vallon비치 근처의 숙소를 예
약했는데, 빅토리아(세이셸의 수도)에서 버스를 한 번 갈아타야 하니 서
둘러야 했다.

기다려도 오지 않는 버스.

'끊긴 건가.'

일가족이 탄 작은 승용차가 우릴 지나친 후, 다시 후진해 오더니 어딜
가냐 묻는다. 보 발롱 비치 근처로 간다 하니 자기들도 거기 산다며 같이
가자 한다.

30분 정도 달려 숙소 근처에 도착했다. 섬의 동쪽 끝에서 서쪽 끝까지
30분이면 간다. 이래 봬도 세이셸에서 가장 큰 섬이다. 문제는 미리 내려
받아 놓은 지도 만으로는 정확한 위치를 찾기가 힘들다는 거다.

엉뚱한 숙소에 짐을 내려놓고 물어물어 호스트를 찾아, 밤 9시에 드디어 숙소에 도착했다. 집 한 채를 두 그룹이 쓸 수 있었는데, 우리 옆방엔 남아프리카공화국에서 온 레옹 아저씨 부부.

세이셸의 일반적인 숙박비는 우리 같은 배낭여행자들이 감당할 수 있는 수준이 아니다. 그나마 에어비앤비가 없었다면 오지 못했을 정도. 물가 역시 어마어마하다. 도착하자마자 슈퍼마켓이 문을 닫아 들어간 맥주집에서 작은 세이브루 맥주 두 병을 마시고 물 하나를 샀는데 우리 돈으로 2만 8천 원 정도!

아프리카 대륙의 오른쪽 인도양 한가운데 덩그러니 몰려 있는 섬들의 나라 세이셸은 무려 18세기까지 무인도였다. 이후 프랑스, 영국의 식민지 시대를 거쳐 1976년 독립하였다. '인도양의 마지막 낙원'이라 불리는 이 나라의 인구는 9만 명 밖에 되지 않고, 인구의 90 퍼센트가 이곳 마헤 섬에 살고 있다. 120여 개의 섬 들 중 마헤, 프랄린 그리고 라디그, 세 개의 섬이 보통의 여행자들에게 열려 있는데, 모두 치안이 좋은 곳이다. 관광수입에 의존하니 만나는 모든 사람이 여행자들에게 친절하다.

보 발롱 해변을 걸어서 간단히 둘러 본 우린 다이빙 센터를 찾았다. 보 발롱 비치에 다이빙 샵이 네 개 정도 있는데, 가격은 모두 비슷했다.

보트로 오분 거리에 난파선 포인트와 아쿠아리움 포인트가 있다. 더 먼 바다로 나가는 롱 디스턴스 보트다이빙을 신청할까 고민했지만 가격이 만만찮아 가까운 포인트의 두 탱크로 만족해야 했다. 과거에는 상어 다이빙으로 유명했으나, 이젠 예전처럼 쉽게 모습을 보여주지 않는다고 한다.

식재료가 매우 비싸서, 케이프타운에서 산 라면 스무 개를 잘 배분해서 먹어야 했다. 자연스럽게 조식은 포기했는데 옆방을 쓰는 레옹 아저씨가 매일 아침마다, 음식을 많이 했으니 함께 먹지 않겠냐며 우릴 식탁으로 초대했다. 따뜻한 레옹 아저씨 부부.

세계에서 가장 작은 수도, 마헤 섬의 빅토리아. 빅토리아의 버스터미널엔 이 섬의 모든 곳으로 가는 모든 버스가 있다. 5세이셸루피(450원 정도)만 있으면 마헤 섬의 어느 곳으로든 갈 수 있다.

이 작은 섬에서 뭐가 그리들 바쁜지 항상 만원인 버스를 타고 구석구석을 돌아다니기만 해도 훌륭하다. 한없이 아름다운 바다가 순간 차창 밖으로 펼쳐지기도 하는데 그때 벨을 누르고 내려 바위에 걸터앉아 맛있는 세이브루 맥주를 마시면 그만이다.

아주 작은 섬이지만 원시림이 멋진 트레킹 코스가 매우 많다. 우린 마헤 섬의 서쪽 코스트를 내려 볼 수 있는 몽블랑에 오르기로 했다.

"오늘은 뭐할 거야?"

"몬- 블랑이라는 산에 올라가 보려고요."

"우리도 따라가도 될까?"

레옹 아저씨 부부와 우린 버스를 타고 빅토리아로 갔다. 버스터미널에서, 섬의 중앙 정도에 있는 몽블랑으로 가는 버스를 한 시간이나 기다려 타고 산의 입구에 도착.

두어 시간을 올라 도착한 정상에서 아끼던 비스킷을 나눠 먹었다.

레옹 아저씨는 한국의 정세가 남아공의 형편과 크게 다르지 않다며 뉴스에서 본 한국의 소식을 궁금해 했지만 우리도 떠나온 지 오래.

하루는 레옹 아저씨 부부에게 우리가 가진 매운 라면을 저녁 식사로 대접했는데, 부부는 매운 맛을 참으며 새빨간 인스턴트 음식을 비우느라 애쓰는 기색이 역력했고, 결국 아저씨는 매운 사래가 걸려 기침을 하느라 한참을 고생했다. 그리하여 우린 마음 따듯한 남아공 부부의 서른 번째 결혼기념일을, 그들이 영원히 잊지 못할 날로 만들었다.

페리를 타고 두 번째로 큰 섬 프랄린Praslin으로 숙소를 옮겼다.

페리는 세이셸의 유인도 세 개를 연결하는데, 마헤와 프랄린 구간은 1인 7만 원 정도(1시간 20분 소요), 프랄린과 라디그 구간은 1인 2만 원 정도(20분 소요), 라디그와 마헤 구간은 1인 8만 원 정도(1시간 30분 소요)로 부담이 큰 가격.

마헤 섬에 이어 세이셸에서 두 번째로 큰 프랄린 섬엔 세상에서 가장 큰 씨앗, 코코 드 메르와 기네스북에서 세상에서 가장 아름다운 해변으로 꼽은 앙스 라지오Anse-lazio가 있다.

페리에서 내려 프랄린의 모습에 연신 감탄하며 조금 걸어 나왔다. 표지판은 없지만 '여기가 버스 정류장이구나' 싶은 곳에서 버스를 타, 우리 숙소의 위치를 보여준 후 어디서 내려야 할지 물으니 여러 명이 다가와 집 위치를 같이 토론해 준다. 아주 친절한 세이셸의 사람들.

주소는 명확하지 않고 숙소 이름도 없다. 지도의 위치도 정확하지 않아 나타나는 집마다 이 집이 우리의 숙소인지 묻기를 여러 번.

한 시간을 찾아 헤매다 드디어 발견한 노란 집에서 반갑게 나온 집주인은 어떻게 차 없이 걸어 왔냐며 놀란다.

'잘 걸어요, 우리.'

굶주린 우린 배낭을 풀자마자 서둘러 밥을 지었다.

가정집에서 쌀밥을 앉힐 때면 항상 냄비가 타지 않을까 걱정이다. 냄비도 가지각색이라 밥의 상태가 항상 일정하진 않지만 든든한 흰 밥을 먹을 수 있다는 것에 감사하곤 한다.

당연히 인터넷 환경이 좋지 않다. 집에서 이십분 정도 걸어 내려오면 공원을 중심으로 섬의 가장 큰 번화가가 나오는데, 그곳에서 공용 와이파이를 하루에 한 시간 사용할 수 있다. 그리운 가족들에게 안부를 전하고 은행 잔고를 확인하고, 맥주를 들고 의자에 걸터앉아 시원하게 들이키며 고단했던 하루를 마감했다.

프랄린도 마헤처럼 동전 한 개로 버스를 타고 섬을 둘러보기 좋다.

기네스북에서 '세상에서 가장 아름다운 해변'으로 선정한 앙스 라지오는 섬의 가장 북쪽에 있는데, 버스에서 내려 삼십분 정도를 걸어야 만날 수 있다.

정말 아름다운 해변. 앙스 라지오에는 특히나 가오리들이 많다. 스쿠버 다이빙을 하지 않고도 이렇게 많은 가오리들을 만날 수 있다니.

이튿날, 프랄린에서만 자생한다는 코코 드 메르Coco de mer를 보기 위해 찾은 발레 드 메 국립공원Vallee de Mai National Park. 섬의 중앙에 위치해 있다.

일종의 야자열매(정확히 얘기하자면 씨앗이다.)인데, 모양이 사람의 신체 일부와 닮았다 하여 세상에서 가장 섹시한 열매로 불리운다.

마헤 섬이 평화로운 해변을 가진 작은 도시라면 프랄린 섬은 도시 문명과 조금 동떨어진 자연 그대로의 섬이다.

마지막 섬, 라 디그로 향했다. 섬 전체가 황홀한 해변으로 둘러싸여 있다는, 버스도 없는 아주 작은 섬 La Digue에는 세이셸에서의 우리의 최종 목적지, 내셔널지오그래픽에서 '세상에서 가장 아름다운 해변'으로 꼽은 앙스 수스 다정Anse Source d'Argent이 있다.

기네스북과 내셔널지오그래픽의 의견이 달랐다. 그렇다면 우리가 판단해 보는 수 밖에.

페리에서 내려 조금 걸어 도착한 에어비앤비 숙소. 2박에 24만 원이다. 값 싼 호스텔을 찾아 헤매는 배낭객에겐 어마어마한 금액이다. 입이 쩍 벌어지는 가격의 리조트엔 갈 수가 없으니 그나마 가장 저렴한 편에 속하는 에어비앤비 숙소에 눈을 질끈 감고 짐을 푼다.

가장 저렴하다지만 우리에게는 모든 게 완벽한 초호화 숙소다. 먼지 하나 없이 깨끗한 주방이 딸린 마당 넓은 독채를 제공 받았다.

바구니를 단 자전거를 빌려 섬 여행을 하는게 기본인 것 같은데, 대여 가격을 보고 포기했다. 라 디그에선 자전거를 빌리지 않는다면 두 발이 유일한 교통편이다.

지도를 보니 라 디그의 모든 해안이 숙소에서 가깝다. 서둘러 수영복으로 갈아 입은 우린 일단 서쪽 해안을 따라 걷기로 했다.

섬의 가장 북쪽에 다다르니 카메라로는 담을 수 없는, 화강암 바위로 가득한 바다가 나타나기 시작했다. 불규칙한 바위들과 푸른 바다의 조화가 이색적이다. 라 디그는 이런 모습의 해변으로 둘러싸여 있다. 어딜 가든 "우와-" 하고 멈춰 서게 되니, 항상 걸음이 더디다.

섬 북쪽 끝 모퉁이를 돌자 마자 영롱한 수면 위에 스노클러들이 보인다. Anse Patates. 해안의 파도가 만만찮고 물 밑에 들쑥날쑥하고 날카로운 산호 바위들이 많아 파도가 되돌아 나갈 때 과감하게 치고 나가야 한다. 쉴 새 없이 들이치는 파도가 잠잠해지길 기다리다 몇 발 첨벙거리며 달려들어 팔을 힘차게 저으면 곧 평온한 수면에 둥둥 뜰 수 있다.

라 디그의 바닷속은 환상적이다. 스쿠버 다이빙을 해야 만날 수 있는 수중 환경을 스노클링으로 볼 수 있다.

아침 일찍 수영복을 챙겨 입고 앙스 수스 다정으로 향했다.

'도대체 어떤 모습이길래 가장 아름답다고 단정지었을까.'

섬의 중심부 숙소에서 남쪽으로 사십분 정도 걸어야 하는데, 빠른 걸음을 허락하지 않는 섬이니, 천천히 앙수 수스 다정의 전주곡들을 감상하며 한 시간 반 정도 걷는다.

이곳 알다브라 제도에만 서식한다는 느릿느릿 알다브라 코끼리 거북이 우리 걸음을 붙잡는 마을을 가로지르며, 당장 뛰어 들고만 싶은 멋진 해변을 따라 걷는 길이 참 기가 막히다.

드디어 도착한 앙스 수스 다정.

화강암 바위들로 가득 찬 해변. 누군가가 만들어 놓은 영화 세트장 같았다. 비현실적인 장면들이 이미 익숙해진 듯한 여유로운 배우들. 이곳 저곳의 많은 바다를 보며 여기까지 왔지만, 단언컨대 가장 아름다운 해변이 맞았다.

적당한 그늘에 자리를 펴 놓고 바다에 뛰어 들었다. 다양한 자리돔들, 뱃피쉬, 피카소 트리거피쉬, 이글레이, 패럿피쉬들, 상어와 거북까지 보고 그렇게 두 시간을 놀았더니 우리 둘은 흑인이 되었다.

라 디그의 모든 해변을 보고 싶었다. 작고 둥근 섬이니 해변을 따라 걸으면 되겠다고 생각했다.

기가 막힌 해변을 여러 개 거치니 길이 막혔다. 다시 돌아가려 하니 시간도 늦었고 좀 피곤하다. 지도를 보니 섬의 중심을 가로질러 숙소까지 연결된 산길이 있다.

금새 도착할 수 있을 것 같았다.

수영복에 슬리퍼 차림의 우리에게 해도 들지 않는 축축한 그 산길은 가혹했다. 해가 지기 전에 산을 넘어야 하니 마음은 급하고, 거미줄을 얼굴로 뚫으며 "이 길이 아닌가 봐"를 반복했다.

지도를 확대해 보니 미처 보지 못한 아주 작은 글씨로 '정글 트레일'이라 쓰여 있다. 구불구불 인간의 발길이 닿은 지 오래되어 보이는 산길엔 30센티미터가 넘는 왕지네(노래기)가 득실거렸다. 다행히 물지는 않는 듯. 밟지 않기 위해 최선을 다 하며 그렇게 한 시간 반, 라 디그 섬의 중앙산을 넘어 드디어 마을에 도착한 우린 구멍가게 앞에 앉아 세이브루 맥주를 벌컥벌컥 마시며 서로의 시커먼 발을 보고 한참을 웃었다.

라 디그에서의 2박은 참 짧다. 시간의 여유가 없는 여행자라면 마헤와 프랄린에서의 여정을 줄이고 라 디그에 집중하는 것도 좋겠다. 누구든지, 라 디그의 바다를 보면 세상에서 가장 아름다운 곳이라는 말에 공감할 테니까.

이 글을 보고 있는, 여행에 목마른 당신. 죽기 전에 꼭 세이셸의 라 디그 섬에 가 보는 행운을 만나길.

마헤 섬으로 돌아가 1박 후, 예약해 놓은 마나가스카르로 가는 비행기를 탈 예정이었다.

역시나 어렵게 찾아간 숙소에 짐을 풀고 사진 정리를 하던 즈음 항공권 예매 대행사에서 메일이 왔다.

내일 출발 예정이었던 마다가스카르편이 취소되었다고.

마다가스카르에 흑사병이 창궐했다는 소식을 들었다. 사망자가 늘어나고 있으며 뉴스에서는 공기 전염의 가능성을 이야기했다. 얼마전 세이셸의 야구감독이 마다가스카르에서 흑사병으로 사망했다고 한다.

'페스트가 공기 전염이 된다니.. 말도 안 돼.'

전염병과 바이러스에 극도로 예민한 세이셸 정부는 마다가스카르를 드나드는 모든 항공을 취소해 버렸다.

패닉에 빠졌다. 꿈에 그리던 바오밥 나무 거리가 눈앞에 있는데..

마다가스카르 숙소를 취소하고 항공권 대행사에 아웃티켓 취소 요청을 하니, 한참 뒤 대행사에서 50퍼센트의 취소 수수료가 부과된다는 답이 돌아왔다.

항공사의 정책에 따라 입국조차 할 수 없으니 출국 티켓은 당연히 100퍼센트 환불 가능한 것 아니냐며 정중히 메일을 보냈지만, 또다시 50 퍼센트의 취소 수수료가 부과된다는 같은 메일을 보내왔다.

그 대행사는 하루에 단 한 번의 메일만 보내준다. 하루 종일 기다린 소중한 답신과 함께 지금은 영업시간이 아니라는 자동메일이 동시에 날라왔다. 아마도 퇴근 직전에만 메일을 날리는가 보다.

빅토리아에 있는 에티오피아 항공 사무실에 가서 혹시 마다가스카르에서의 출국 항공편이 취소되지 않았냐고, 대행사에서 취소 수수료를 요구한다고 한 후, 당연히 100 퍼센트 환불되어야 한다는 취지의 전문을 항공사로부터 받아 대행사로 전달하기로 했다.

　문을 닫고 나오며, 하루 이틀 안에 받기가 힘들겠다고 생각했다. 숙소에 연장이 며칠이나 가능한 지 물은 후 우리 사정을 이야기했다.

　그렇게 마헤에서 사흘을 보냈다. 그 사이 두바이로 가는 아랍에미레이트 항공권을 끊었고, 취소 수수료를 내고 절반이라도 환불 받겠다는 통한의 메일을 보냈으며, 나의 취소 수수료는 그새 80 퍼센트로 올랐다는 분통터지는 답신을 받았다. 역시 지금은 영업시간이 아니라는 메일과 함께. 소비자 센터(그 대행사는 중국 회사이니 내 이야기를 들어줄 소비자 센터는 어디에도 없지만)에 신고하겠다는, 누가 봐도 무섭지 않은 메일을 보냈다.

　다음 날, 효과가 있었는지 40 퍼센트의 취소 수수료만 부과하겠다는 메일이 왔고, 그렇게 우린 소중한 우리 돈 백만 원을 건져 아랍 에미레이트에 몸을 실었다.

28. 두바이. 다시 이집트

그렇게 강제 두바이 여행이 시작되었다. 큰 배낭을 공항 짐보관소에 맡기고, 공항과 연결되어 있는 메트로를 탔다. 으리으리한 두바이몰을 구경하고 부르즈 할리파로 향했다.

Burj Khalifa.

미리 끊어 둔 입장권으로 124층까지 올라가 전망을 구경할 수 있다.

그 유명한 분수쇼를 보고 엄청난 규모를 자랑하는 아쿠아리움의 한 수족관 앞에 섰다. 역시나 수조 속의 생명들이 안타깝게 느껴진다.

자유를 빼앗아 즐거움을 얻는 행위가 얼마나 잔인한가.

두바이 공항의 무료 샤워실에서 샤워를 하고, 카이로행 비행기에 탑승. 14시간의 버스 여행 끝에 큰 배낭 한 개가 쓸쓸히 우릴 기다리고 있는 다합에 다시 도착했다.

끝내지 못한 다이브 마스터 코스를 마무리해야 한다. 다시 시작된 스쿠버 다이빙 생활. 수도 없이 들어간 다합 바다지만, 언제 다시 돌아올 수 있으랴. 다이빙마다 모든 걸 깊이 기억하기 위해 애썼다.

7박 8일짜리 홍해 리브어보드가 좋은 가격에 나왔다. 다른 지역에선 상상할 수도 없는 가격. 페루 와라즈에서 처음 만났던 S부부를 포함한 여섯 명이 함께 했다. 리브어보드 다이빙을 마친 후 늘 마음속의 숙제 같았던 이집트 여행을 모두 같이 하기로 계획했다.

7박 8일을 생활한 배에서 드니어 내려 듀공을 보러 가기 위해 보트를 갈아타는 도중, 수중카메라를 깜빡 했다. 일행이 가진 유일한 카메라였다. 듀공을 만나러 왔는데 사진 한 장 남길 수 없다니! 다이빙을 포기하고 환불 받을 생각을 할 정도로 내 상실감은 심각했다.

많은 생각을 했다. '남기는 것'이 나에게 그리 중요한 것인지, 남기지 못한 채 기억이 희미해 질 것을 두려워하는 건지.

무엇을 위해 남기는 것인지.

찰나였다. 듀공은 물속에서는 모습을 보여주지 않다가 우리가 배 위에 널브러져 있는 사이, 몸을 수면에 완전히 띄운 채 우리 눈앞으로 유유히 헤엄쳐 지나갔다. 웻수트를 급하게 입는 사람, 스노클을 찾는 사람, 마스크만이라도 쓰고 뛰어내리는 사람..

내 발 밑, 바로 2미터 앞이었다. 그 사이 다급한 손 위의 마스크 스트랩이 끊어졌고, 난 안경을 찾다가 선수 쪽으로 듀공을 따라 뛰었다. 그리곤 뛰어내리긴 너무 높은 선수 위에서 안경도 쓰지 못한 채 끊어진 마스크를 손에 들고 거대한 듀공을 허탈하게 바라보았다.

우린 그렇게 듀공을 만났다. 만감이 교차했다. 그렇게 보고 싶었던 듀공. 카메라. 그리고 끊어진 마스크. 헛웃음이 났다. 유유히 사람들을 따돌리고 멀어지는 듀공을 보며 '기록'하기 위해 애쓰던 우리 여행길을 되뇌었다.

일행은 마르살람에서 택시(봉고차)를 탔다. 드라이버의 말에 따르면 저녁 여섯 시 전에 지역 경계의 체크포인트(검문소)를 지나야 한단다. 그러지 못하면 다시 돌아가야 한다고. 이미 늦은 봉고차는 엄청난 속도로 달려 요단강 건너듯 검문소를 건넜다. 검문 중엔 아무도 안탄 듯 맨 뒷 칸에 쌀가마니 마냥 쌓여 고개를 숙이고 숨을 죽였다.

그렇게 밤늦게 도착한 룩소르.

중왕국부터 신왕국 시절 이집트의 수도였던 룩소르는 나일강을 사이에 두고 동서로 나뉘어 있다. 택시를 빌려 타고 람세스 2세가 건설한 룩소르 신전부터 왕들의 계곡의 투탕카멘의 묘, 하트셉수트의 장제전 등을 관광했다. 화려했던 과거의 영광을 재현하고 싶은 마음이 급했던 걸까. 파손된 부분들에 덕지덕지 시멘트 보수를 해 놓은 곳들이 가슴 아프다.

그렇게 하루 만에 룩소르의 여러 유적을 돌았다.

자그마치 기원전 1,500년 전의 이야기들이다. 상상할 수 없는 엄청난 문명 속을 헤집고 다니다 보면, 어릴 적 관심 많았던 세계사 속의 나일강 이집트 문명의 흥미로운 이야기가 모래갈색의 감성 속에 되살아 나려다 가도, 아쉬운 복원 상태로 방치된 찬란한 유적들 사이에서 무언가 모를 쓸쓸함만 남는다.

기차를 타고 아스완에 내려 도착한 항구에서 뱃삯을 흥정, 쪽배를 타고 나일강을 따라 내려갔다.

배에서 내려 마을을 가로질러 누비안의 예약한 숙소에 도착. 누비안은 고대 이집트 문명 이전부터 나일강변에 터를 잡고 살아온 누비안들의 마을이다. 이 누비안들이 과거 찬란했던 문명의 주인공들이고, 지금의 이집션들과는 조금 거리가 있다.

야경이 멋진 숙소에서 두어 시간 거리의 아부심벨로 가는 택시를 예약한 여섯 명은, 술과 이야기로 얼마 후에 있을 이별을 믿지 않으려 크게 웃었다. 서울에서 음식점을 하는 게임 진행자 M, 다합에서의 첫 다이빙이 너무 힘들었지만 이젠 다이빙 참 잘하는 착한 K, 남미에서부터 양배추로 김치를 만들어 가지고 다니는 한결같은 S부부.

고된 여행길에서 사람에게 정이 드는 건 참 순식간이다. 그만큼 각자의 여행을 위해 헤어지는 것이 참 힘들지만, 우린 다른 곳에서 또 다른 멋진 여행자들을 만날 것을 기대하면서 위로를 받곤 한다. 그리고 기도한다.

우리도 그들에게 좋은 추억의 한 켠을 장식해 줄 수 있었기를.

쿠푸왕의 대 피라미드를 보기 위해 비행기를 타고 카이로로 이동, 피라미드 바로 앞의 호스텔에 짐을 풀고 시장통 같은 매표소에서 표를 산 후 악명 높은 호객꾼들을 뚫고 쿠푸왕의 피라미드로 돌진했다.

이집션 아이들은 쉴 새 없이 카메라를 들이대고 우리의 동의 없이 셀카를 찍어 댄다. 우리 뒤에서 요상한 장난을 치는 아이들을 보았다. 발로 차는 시늉을 하면서 사진을 찍거나, 입으로 '쓰쓰' 소리를 내며 부르기도 한다. 느닷없이 어깨동무를 하고 휴대폰을 들이대는 등 상당히 불쾌하다.

'너희들의 저 자랑스러운 피라미드 총 둘레를 높이 곱하기 2로 나누면 3.14가 된대. 관심은 있니.'

기자 쿠푸왕의 피라미드. 기원전 2,500년, 지금으로부터 4,500년 전의 건축물이다. 어마어마하다. 마늘과 쑥을 먹고 사람이 된 곰과 환웅이 낳은 단군이 천구백 살을 사시던 시대보다 시기적으로 앞서 있는, 엄청난 문명이다.

단연 세계 7대 불가사의 중 첫 번째이고 가장 위대한 인류의 건축물로 꼽힌다. 이곳에서 우린 이집트 여행을 함께 해 준 일행들과 이별했다.

S부부와는 페루 와라즈의 한 호스텔에서 만났었다. 정이 너무나도 들어버린 이 부부와 이번 여행길에서는 다시 만나지 못할 테다. 잘해 주지 못해 미안하고 고마운 마음에 애써 눈물을 참았다.

모든 걸 다 떠나서 '건강'하게 여행을 마무리하길 빌었다.

그리고 우린 다시 다합으로 돌아왔고, 길었던 다이브 마스터 과정을 무사히 끝냈다.

이왕 걷고 걸어 지구를 여행하는 길에 세상의 모든 바다도 구경해 보자고 다짐했던 우린 여행을 떠나오기 전 제주 바다에서 카리스마 가득한 Y강사님께 오픈워터, 어드밴스드 과정을 배웠고("강사님, 제가 물을 많이 무서워 합니다." 로 시작했었다), 여행 중 태국에서 전설의 D강사님을 만나 레스큐 다이버가 되었고, 지구 반대편의 짜디짠 홍해에서 마음 따뜻한 누나같은 M강사님을 만나 다이브 마스터가 되었다.

우린 참 인복도 많다.

우리가 다합에 다시 오게 될까.

다시 오게 된다면, 잊지 못하고 다시 오게 된다면, 그때 우리가 포기해야 할 것들은 무엇일까. 그것들이 우리 인생에서 정말 중요한 것일까.

공항으로 가는 택시 안에서 한동안 아무 말이 없던 우린, 정든 스텔라 맥주를 들이키며 마주보고 웃었다. 눈물이 날 줄 알았는데.

떠나기 위한 마음의 준비가 생각보다 단단히 되어 있었나 보다.

이제 북유럽으로 간다.

또 다른 세상의 또 다른 이야기.

또 다른 사람들.

29. 오로라와 산타 할아버지

노르웨이 오슬로.

이집트 샴엘셰이크 공항에서 14만 원에 비행기를 타고 왔다. 편의점에서 생수를 사고 오슬로 숙소로 가기 위해 공항에서 전철표를 사면서, 예상했던 물가에 괜히 놀랐다.

너무 오랜만에 느껴보는, 콧속을 얼리는 차디찬 공기가 너무 상쾌했다. 우리에게 일단 필요한 건 옷이다. 에이치앤엠에서 할인하는 저렴한 점퍼를 사 입고 털모자와 얇은 장갑도 하나씩 샀다.

"따듯한 신발이 필요할 것 같은데?"

어렵게 찾아낸 중국인 마트에 우리 라면이 있다. 스무 개들이 한 박스를 사면 총 199크로네로 한 개당 1,300원 정도이다. 싼 가격에 든든한 양식을 확보했다.

거리의 사람들, 기분이 좋아 보인다. 크리스마스가 다가와서 그런가, 우리도 기분이 아-주 좋아졌다. 어릴 적 크리스마스 동화를 읽으며 상상했던 배경의 마을 모습이다. 무슨 동화인지 잠깐 기억해 내려고 애썼지만, 왜 성냥팔이 소녀만 생각이 나는지. 늙었나 보다.

뭉크의 그림을 보고 싶었는데 마침 월요일. 미술관이 문을 닫았다. 북쪽으로 가는 비행기를 예약해 놓은 우린 미술관 앞에서 아쉬운 발길을 돌렸다.

트롬소 공항에 내리니 더욱 차가워진 공기. 공항 밖의 버스 정류장에서 시린 발을 구르며 시내로 가는 버스를 기다렸다.

북극에 가장 가까이 왔다. 남극의 코 앞 아르헨티나 우수아이아에서 이곳 노르웨이 트롬소까지 7개월이 걸렸다.

오로라, Northern Lights 는 극지방과 가까운 북극 주변의 캐나다, 남극연구기지, 아이슬란드, 그리고 이곳 트롬소에서 가장 잘 볼 수 있다.

이 중 아이슬란드는 낮은 기온과 많은 광해로 오로라 관측이 쉽지만은 않다고 했고, 캐나다는 이번 우리 여행 일정에 없다. 그렇다면 우린 반드시 여기 트롬소에서 오로라를 만나야 한다.

마을 참 아기자기하다. 그저 하릴없이 뒤뚱뒤뚱 산책하는 것만으로도 따듯하고 평온한 마을. 숙소 근처의 대형마트에서 바로 먹어도 될 것 같아 보이는 연어 팩을, 노르웨이 맥주 Mack과 함께 집어 왔다.

"5분에서 10분 정도 조리하라는 거 같은데."

"그냥 먹어도 되는 건가?"

매일 맛있게 먹었는데 다행히 탈은 나지 않았다.

오로라는 태양에서 방출되는 플라즈마 입자가 극지방의 자기장을 따라 대기를 통과하면서 빛을 내는 현상이라 한다. 태양의 활동이 활발해야 하고 구름이 없이 맑아야 볼 수 있다.

버스를 타고 이십분 정도 달려 인적이 드문 호수변에 도착했다. 내리자 마자 마법처럼 구름이 걷히고, 서둘러 인희가 카메라를 세팅했다. 초록색의 오로라가 흔들리며 내리기 시작한다.

노출값과 셔터스피드를 바꿔가며 시간 가는 줄 모르고 찍었다. 우리가 본 여느 오로라의 사진들보다도 아름답고 황홀한 오로라. 사라지는 듯하다가도 잠시 뒤 다시 쏟아지고.

그렇게 두 시간 가까이, 볼이 얼어붙은 줄도 손발 시린 줄도 모르고 노는 어린 아이들이 됐다.

돌아가는 인희의 발걸음이 북극토끼 같았다.

노르웨이의 숙소들은 컨디션이 매우 좋았다. 먼지 하나 없이 깨끗하고 따뜻하고 친절하며 무엇보다도 수돗물이 기가 막히게 맛있다.

버스를 타고 트롬소의 중앙부에 내려 지도의 오솔길 표시 점선을 따라 걸어 들어가니, 하얀 동화 속 세상이 펼쳐졌다.

예전에도 이렇게 하얀 세상을 본 적이 있다. 그 땐 하ー얀 감성은 커녕, 눈에 대한 온갖 증오를 품은 채 마를 새 없는 축축한 군화를 신고 눈삽과 싸리비를 들었었다.

트롬소 관광안내소 옆에서 아침 일찍 버스를 타고 나르빅의 기차역으로 향했다. 관광안내소 직원은 전날 우리에게 꼭 오른쪽에 앉으라고 했다. 말 잘 듣는 우린 오른쪽 제일 앞 자리에 앉았다. 이 구간의 버스를 타야 한다면 반드시 이 자리에 앉아야 한다. 노르웨이의 아름다운 피오르드를 영화보듯 감상할 수 있다.

나르빅에 도착하자마자 또 해가 졌다. 뭐만 하려 하면 해가 지는 북유럽의 겨울. 처음엔 뜨자마자 져버리는 해 때문에 왠지 다급하고 허탈했는데, 이젠 오히려 하루가 무척 길고 여유롭다. 맥주를 하루 종일 마셔도 뭔가 이상하지 않다.

스웨덴 철도에 탑승했다. 기차 좌석마다 충전기, 테이블, 난방 스토브가 있는 고급 기차에서 남은 노르웨이 돈으로 간단히 요기를 하고 아무런 국경심사 없이 스웨덴 땅에 도착했다.

키루나에 내려 무료 셔틀버스를 이용, 삼십분 정도를 걸어 도착한 숙소. 주말이고 체크인이 늦어 아무도 없었다.

주인은 열쇠를 현관 앞 키박스에 넣어 비밀번호로 잠궈 놓았고, 메일로 비밀번호와 여는 방법, 숙박비 숨겨 놓을 곳 등을 알려 주었었다. 확인을 위해 문 앞에서 휴대폰을 꺼내 보니, 전원이 꺼져 있다. 추운 날씨 덕에 100 퍼센트 충전된 휴대폰도 언제 꺼질지 모른다. 배터리가 조금 남은 노트북으로 휴대폰을 충전해 문 여는 방법을 알아낸 우린, 아무도 없어 음산한 숙소에 짐을 풀고 꽁꽁 언 몸을 녹였다.

키루나는 스칸디나비아 반도의 동쪽으로 육로 이동하기 위해 거쳐야 하는 곳이었지만 우린 여유로운 동네 산책을 하면서도 해가 지고 밤이 오기만을 기다렸다가, 어둠이 내리면 오로라를 보기 위해 불빛을 피해 랜턴을 켜고 사방을 돌아다녔다.

오로라를 기다리던 어느 밤, 칠흑같은 어둠속에서 너무 오랜만에 들려오는 다른 이의 한국말. 키루나에서 우주과학을 공부하는 M을 만났다. 따뜻한 우리 숙소에 초대해 늦은 밤까지 이런 저런 이야기를 나누고 친절한 오로라 강의를 듣고, 서로의 안녕을 빌며 헤어졌다.

집주인과 합의한 대로 숙박비를 침대 옆에 숨겨 놓고 열쇠를 키박스에 넣어 잠근 후 아침 일찍 나와, 핀란드 북쪽 탕카바라로 올라가기 위해 하루 거쳐야 하는 마을 하파란다로 향했다.

역시나 가장 앞자리에 앉아 차창을 통해 지루할 틈이 없는 설경을 감상했다. 차도까지 나와 눈에 덮인 풀을 찾는 순록들이 점점 눈에 띄기 시작한다. 산타 할아버지가 있는 핀란드에 가까워지고 있는 것이다.

오후 네 시 체크인인데 너무 일찍 도착했다. 두 시밖에 되지 않았는데도 벌써 짙어진 어둠 속을 어슬렁거리고 있으니 주인이 나온다. 그리고 듣던 중 반가운 말.

"전용 화장실이 딸린 좋은 방으로 줄게."

스웨덴의 하파란다는 핀란드의 토르니오와 붙어 있다. 국경도 없고 아무런 표시도 없다. 검문도, 세관도 없이 자유롭다. 많은 국경을 걸어서 넘어 봤지만 이런 국경은 처음이다. 오로지 지도에만 점선으로 표시되어 있을 뿐이다.

에이치앤엠에 들러 두꺼운 털모자와 장갑을 샀다. 좀 더 북쪽의 라플란드Lapland로 올라가기 위한 준비. 국경 건너편의 핀란드 쪽에 있어 유로를 쓴다. 유로존을 선택한 핀란드.

아침 일찍 버스를 타야 했는데, 늦잠을 자버렸다.

붙어 있는 나라지만 핀란드가 스웨덴보다 한 시간 늦다. 핀란드 쪽에 있는 버스 정류장에 9시 40분까지 가야 하는 우린 스웨덴에서 8시 40분에 일어났다. 어떻게 된 건지, 잠시 대공황 상태를 겪다가 휴대폰의 헬싱키와 스톡홀름의 시간을 보고 평정을 되찾았다. 우리 휴대폰의 시간이 핀란드의 시간에 맞춰져 있던 것.

출근 시간에 늦은 여느 부부처럼 서둘러 씻고, 찬 공기를 마시며 버스 터미널에 도착해 시간을 다시 확인하고 로바니에미를 거쳐 핀란드 북부의 작은 마을 탕카바라에 도착했다.

탕카바라에선 작은 오두막에서 2박 3일을 지낼 계획이다.

지도에 숙소가 나오지 않아 조금 당황했으나, 불이 켜진 건물은 하나 뿐이었다. 뽀드득 뽀드득 소리 밖에 나지 않는 칠흑같은 어둠에 두리번 거리며 불이 켜진 곳으로 향했다.

'사람이 살긴 하는 건가..'

무거운 나무문을 밀고 사무실에 들어가니 반갑게 내 이름을 부르며 주인이 나온다. 살았다.

오두막이 여러 채 있고, 공용주방과 욕실 오두막이 조금 떨어진 곳에 있다. 세상과 단절된 기분이다. 추위로 고생할 것을 단단히 각오했는데 생각보다 엄청 따듯하다. 반팔만 입고 자도 훈훈할 정도. 장작으로 불을 붙였었는지 아늑한 나무 냄새가 포근하다.

하얀 산책. 동화 속 마을이다. 토끼 발자국과 우리의 뽀드득 뽀드득 소리 뿐. 밤이면 오로라를 찾아 다녔다. 랜턴을 손에 차고 단 몇 걸음 숲 으로 걸으면 우리의 모습도 실루엣밖에 보이지 않는다.

오로라를 보기 참 좋은 마을이다. 인공의 빛이 전혀 없고 가끔 인간의 소리가 아닌 발 소리만 들린다. 소리가 크게 들릴 때면 우린 랜턴을 끄고 얼어버린 것처럼 숨을 죽였다.

"밤에 동물을 만나면 위험하진 않아요?"
"전혀요. 오두막으로 데리고 들어가지만 않으면 돼요."

숙소 주인을 제외하곤 2박 3일 동안 마을에서 사람을 단 한 명도 만나지 못했다. 산책 중 순록의 발자국과 토끼의 흔적을 따라가다가 다리가 깊이 빠지는 눈길에 막혀 되돌아 오기도 하고, 다시 어둠이 내리면 이마에 랜턴을 차고, 시린 발을 꼼지락거리며 다시 일렁이는 초록 하늘 밑에 섰다.

모든 순간이 아름다웠다. 우리의 길고 긴 여행길만큼이나.

조금 더 북쪽의 마을 사리셀카에 도착했다.

동네에서 가장 저렴한 하루 12만 원짜리 오두막을 예약하고 찾아갔는데, 오두막과 멀리 떨어진 체크인 리셉션에서 좋은 소식을 들었다. 오두막에서 지내지 말고 바로 옆 아파트에 묵으란다. 세 배가 넘게 비싼 집이라는 말과 함께.

자그마치 4박을 예약했는데.. 개인 핀란드식 사우나까지 딸려 있는 좋은 숙소를 받았다. 탕카바라의 오두막에서 2박을 하고 온 우리에겐 정말 크리스마스 선물과도 같았다.

바로 옆 마트에는 없는 것이 없다. 왠지 모르게 두둑한 마음에, 삼겹살과 맥주를 아무 고민없이 집어 들었다.

개썰매를 타기로 했다. 허스키들이 끄는 썰매를 타고 설원과 자작나무 사이를 달리는 것에 대해 강한 로망이 있었다.

잠깐의 운전 교육을 받으며 묶여 있는 개들을 쓰다듬었다. 사람을 좋아하는 이 개들은 서열에 따라 자리다툼이 심해 많이 다치기도 한다. 추운 날씨에 쉬지 않고 달리느라 고생이 많은 개들에게 미안했는데, 이 개들에겐 지금도 아주 높은 온도이고 달리는 것이 본능이라 달릴 때 가장 즐거워 한다고.

운전은 아주 쉬웠다. 개들이 길을 잘 알기 때문에 그저 서거나 속도를 줄여야 할 때 브레이크만 발로 밟으면 된다. 개들은 달리는 동안 이따금, 옆의 쌓인 눈을 먹어가며 열심히 달렸다. 인희와 돌아가며 운전을 했는데, 자리를 바꾸느라 썰매를 세우면 개들이 일제히 뒤를 돌아본다.

왜 달리지 않고 서냐는 듯이.

버스로 세 시간 거리의 산타클로스의 마을, 로바니에미.

돌아오는 크리스마스에는 핀란드의 산타 마을에서 지내자는 막연했던 이야기가 현실이 되었다.

크리스마스.

어린 아이가 되고 싶었다. 특별한 날이니 우리에게도 선물이 필요하다는 말을 나눈 우린 아무 죄책감 없이 온통 눈과 얼음으로 지어진, 엄청나게 비싼 이글루 호텔을 예약했다.

로바니에미는 크리스마스를 즐기기에 더없이 좋은 곳이 아닐까. 사람들로 북적이는 산타 마을에선 모두가 우리처럼 어린 아이 같았다.

드디어 진짜 산타클로스를 만날 시간이다.

세상에 단 한 분 밖에 없다는 공인된 산타 클로스 할아버지라고 하니 만나려면 번호표를 받아 줄을 길게 서야 한다. 만나는 건 무료이나, 사진을 얻으려면 30유로, 동영상을 함께 얻으려면 그 이상을 내야 한다.

"사진은 사지 말자."

만나면 무슨 말을 해야 할 지 고민하는 중 우리 차례가 왔다. 산타 할아버지한테서 좋은 냄새가 났다.

"안녕하세요."

한국말로 인사를 하신다. 이십초 정도의 짧은 시간 안에 산타 할아버지는 아름다운 크리스마스를 함께 해 줘서 고맙다는 말과 함께 우리의 소망이 이뤄지기를 기원해 주었다.

"이미 소망이 이뤄졌어요."

나오는 길에 당연히 그러기로 했다는 듯 사진과 동영상을 구매했다.

동그랗게 눈을 쌓아 천정을 만든 이글루 숙소는 바닥도, 침대도 눈이다. 온열장판이 깔린 눈침대 위 가지런히 놓인 침낭 안에 두꺼운 외투를 모두 껴입고 들어가 잊지 못할 크리스마스 밤을 보냈다. 무사히(!) 자고 나오니 이름이 찍힌 증명서를 발급해 준다.

"I slept in igloo at the Arctic Circle."

큰 배낭을 끌어안고 올라탄 북적이는 버스로 산타 마을을 벗어났다.

가장 높은 위도에 있다는 맥도널드에서 저녁 식사를 한 후 한참을 걸어 도착한 기차역 안에서 언 발을 녹이며 잊혀지지 않을 산타 마을을 가슴 속에 기록한 후 헬싱키행 기차에 몸을 실었다.

12시간에 걸쳐 밤새 달리는 이층 기차의 침대칸을 예매하는데 실패하고 간신히 떨어진 일반석 두 자리를 구했다. 배낭이 선반에 들어가질 않아 통로 즈음에 대충 쌓아 놓고 잠을 청했지만 역시나 잠이 오지 않는다. 지구 생물 관련 다큐멘터리와 미국 드라마를 보는 둥 마는 둥 하며 밤을 지새다가 드디어 아침 헬싱키에 도착했다.

기차역의 멋진 맥도널드에서 아침메뉴를 먹으며 체크인 시간을 기다렸다 따듯한 숙소에 짐을 풀었다.

여느 북유럽의 도시들처럼 헬싱키도 깨끗하고 평온하며 해가 빨리 진다. 털 부츠 대신 조금은 더 가볍고 저렴한 나이키 운동화를 새로 사 신고 헬싱키의 곳곳을 들여다보며 우리 몸 여기저기에 깊이 박힌 눈꽃 결정들을 2박 3일간 모두 녹여 흘려 보냈다.

그래도 한동안은, 북쪽 하얀 라플랜드의 여운이 가시지 않겠지만.

'안녕, 북유럽.'

30. 걸어서 중세 속으로. 발트 3국

중세시대 분위기가 풀풀 난다는 발트 3국으로 가 보기로 했다.

헬싱키에서 어마어마하게 큰 페리를 타고 에스토니아 탈린의 항구에 내려 벌써 어두워진 탈린의 거리를 걸었다. 4킬로 정도 되는 거리인데, 두꺼운 외투를 걸치고 배낭을 메고 걷기엔 조금 먼 거리이다. 그리고 우린 그사이 제법 나이가 들었나 보다. 힘들었다.

유명한 탈린의 올드타운을 관통해서 한참을 걸어가면 예약한 숙소가 나오는데, 고개를 들어 어두운 주변을 감상할 여력이 없는 우린 구경은 내일로 미루고 열심히 걷기만 했다.

도미토리 형태의 단체 숙소를 피해 마을 외곽의 아파트형 숙소를 잡았다. 같은 방의 여행자들과 반갑게 웃으며 어디서 왔는지, 어디를 거쳐 왔는지, 김정은과 트럼프 중 누가 더 나쁜지 등등을 이야기 나눌 여력이 남아 있지 않거니와, 아파트형 숙소가 우리 두 명에겐 게스트하우스와 비슷하거나 오히려 저렴할 때가 많았고 주방이 딸려 있으면 아주 많이 절약할 수도 있었다. 대신 조금 더 걸으면 된다.

탈린은 구시가지 전체가 유네스코 문화유산으로 지정되어 있다. 중세 무역도시의 모습이 가장 온전히 보존되어 있고 다니는 골목골목마다 중세의 상인들과 기사들이 튀어나올 것만 같은 분위기.

당시 우리가 틈이 날 때 마다 재미있게 보고 있던 중세 배경의 미국 드라마도 우리 기분을 돋우는 데 크게 한 몫 했다.

3박 4일 동안 탈린 구시가지의 구석구석을 걸어 다녔다.

둥그런 모양의 망루들이 어딜 가나 눈에 띄는데, 하나같이 귀엽다. 뚱뚱한 망루, 날씬한 망루, 키가 큰 망루. 엄청난 실력의 궁수들이 꼭대기 창에서 침략자들에게 살을 겨누었을 테다.

인희의 기침약을 사러 들어간 가장 오래된 약국에는 고슴도치 한 마리를 통째로 담근 약재료 병도 있고, 분위기에 이끌려 들어간 어두컴컴한 식당에서는 주문을 받는 털보 아저씨가 중세시대의 복장을 하고 우렁찬 목소리로 말 끝마다 "-My lord"를 외친다.

올드타운 전체가 모두 '올드'하다.

빌리안디. 우리 여행길 두 번째 해의 마지막 밤을 보낼 마을.

이 작은 나무집의 거실에는 장작을 때는 큰 난로가 있다. 집주인이 매일 아침 장작을 확인하고 불을 지펴야 했다.

레스토랑이나 펍의 문이 모두 닫힌 이 조용한 마을에서 가벼운 산책을 하며 지난 일 년을 주욱− 돌이켜 본다. 참 많은 곳을 다녔다. 아련하다. 가슴이 시리고 따듯하다. 그 사이, 부부 두 명의 키가 훌쩍 자랐고, 세상 무엇도 부럽지 않은 부자가 되었다.

그렇게 또 한 번의 새해를 맞았다.

에스토니아와 라트비아의 국경을 건넜다. 세관이나 국경 검문은 없었다. 리가 버스터미널에서 예약한 숙소까지는 꽤 멀었는데, 버스가 다행히 숙소 근처를 지나친다.

"내려요!!"

독일과 폴란드, 러시아 등 무서운 강대국들의 틈에서 바람 잘 날 없었던 라트비아. 덕분에 한자동맹 시절 중세 상인들의 이야기를 그대로 간직한 구시가지와, 후의 아르누보 양식 건물들로 눈이 심심할 틈이 없는 살아있는 도시 '리가'를 갖게 되었다.

기차를 타고 시굴다 성을 구경하고 돌아오는 길에 기차역 옆의 백화점에서 튼튼해 보이는 인희의 신발을 새로 사고 노르웨이에서 삼만 원에 산 방한신발을 처분했다. 한결 발걸음이 가벼워진 우린 리가의 버스터미널에서 네 시간 거리의 리투아니아 빌뉴스로 향하는 버스에 올랐다.

애초엔 빌뉴스에서 2박만 할 계획으로 올드타운 안의 숙소를 잡았는데, 우리의 다음 목적지인 러시아 상트페테르부르크로 가는 버스를 찾아보니 당장의 표들은 매우 비쌌다. 빌뉴스에서 천천히 떠나야겠다 생각하고 서둘러 올드타운 밖의 주방 딸린 아파트를 4박 예약했다.

빌뉴스는 어느 도시들보다도 산책하기 참 좋은 마을이다. 걷기에 그리 작지도 크지도 않은 크기에 지루할 틈이 없다.

빌뉴스의 구시가지를 돌아다니다가 우주피스라는 아주 작은 마을을 만났다. 이십여 년 전, 우주피스의 예술가들이 공화국을 수립하고 독립을 선포해 버렸다. 물론 아무도 인정하지 않는 마이크로네이션이지만 4월 1일 만우절 하루는 여권이 있어야만 들어갈 수 있다고. 여러 언어로 걸어 놓은 우주피스의 헌법 내용이 마냥 우스꽝스럽지만은 않다.

"모든 사람은 이해 받지 못할 권리가 있다."

"모든 사람은 게으를 권리가 있다."

"모든 사람은 실수할 권리를 가진다."

우린 이것저것 유쾌한 도시, 빌뉴스에 빠져 7일이나 머물렀다. 가끔 어두운 골목에선 부랑자들이 험악하게 접근하기도 하지만 시간을 두고 천천히 둘러보기 좋은 마을.

익스프레스 버스를 타고 리투아니아 빌뉴스에서 출발, 라트비아 리가에서 한 시간 반 경유 후 러시아 상트페테르부르크에 아침 일찍 도착했다. 장장 스무 시간이 걸렸다.

영어가 전혀 통하지 않아 심카드를 손짓 발짓으로 사서 끼우고는 눈앞에 보이는 버거킹에서 와퍼를 허겁지겁 먹으면서 우린 상트페테르부르크의 한식당 정보를 인터넷으로 검색하며 즐거워했다.

도스토예프스키가 『죄와 벌』을 집필했다는 거리의 한가운데 숙소를 잡았는데, 신기하게도 주고 받은 적 없던 텔레그램으로 집주인에게서 어디냐며 연락이 온다.

숙소에 짐을 화난 것마냥 던져 놓고 근처의 한식당에 찾아갔다. 러시아 손님이 꽤 많다. 육개장과 제육덮밥을 앞에 두고 그럴듯한 한식의 모습을 얼마 만에 보는 건지 한참을 생각했다.

상트페테르부르크St. Petersburg.

모스크바에 이어 러시아 제2의 도시이자 가장 러시아스러운 도시라고 한다. 1703년 표트르 대제가 축축하고 얼어붙은 늪지의 마을을 운하가 겹겹이 흐르는 도시로 만들었고, 중세의 러시아를 벗어나고 근대의 유럽을 지향하기 위해 한때 러시아의 수도가 되기도 했다. 모스크바가 러시아의 심장이라면 상트페테르부르크는 러시아의 머리라고.

겨울궁전. 러시아 황제들의 거처로 1762년에 지어졌고 이후 예카테리나 2세가 소장품들을 보관하기 시작했다가, 세 개의 건물을 더 짓고 지금의 네모 형상(에르미따쥐Hermitage 박물관)이 되었다고 한다. 세계 3대 박물관 중 하나인 만큼 규모가 상상을 초월한다.

입장료는 700루블. 국제학생증이 있으면 공짜이다. 입구에서 두꺼운 외투를 번호표와 교환하고 검색대를 통과하면 관람이 시작된다. 어찌나 넓은지, 매표소의 그 많던 사람들이 모두 어디에 있는지 모를 정도로 한산하다.

군데군데 다 빈치와 라파엘로, 렘브란트 등의 그림들이 텅 빈 회랑에 무심하게 걸려 있다. 우린 그 앞에서 다리를 주무르며 한참을 앉아 고개를 쳐들었다. 어마어마한 규모의 이 박물관을 제대로 관람하려면 5년이 걸린다는 이야기가 있다. 하루 만으로는 턱없이 부족하기에 지도에 굵직한 장소들을 표시해 놓고 바쁘게 움직여야 했다.

모스크바행 기차에 몸을 실었다.

애초의 계획 안에는 여행의 막바지에 대륙을 넘어 집으로 향하는 시베리아 횡단열차가 있었지만, 우리 여행을 그렇게 끝내기엔 지나치기 힘든 여행지가 아직 많이 남아 있다.

상트페테르부르크에서 모스크바로 가는 기차역의 이름은 '모스크바'역이다. 반대로 모스크바에서 상트페테르부르크로 오는 기차역은 '레닌그라드스키(상트페테르부르크)역'이다. 부산에 가려면 부산역을 찾아야 하는 원리. 어느 것이 맞는 것인가.

시베리아 횡단열차 대신 모스크바행 삽산 열차로 하얀 러시아 땅을 달려본다.

네 시간 만에 모스크바에 내려 우버를 타고 호텔에 도착한 우린 숙소 근처에서 9도짜리 발찌카 맥주를 한가득 사 왔다. 벌컥벌컥 하나를 다 마시니 도수가 높아 금새 취기가 오른다.

지도를 보며 짧은 모스크바 여행 계획을 세운 우린, 취기를 간직한 채 가장 먼저 성 바실리 성당을 찾아 붉은 광장을 향해 걸었다.

성 바실리St.Basil's. 16세기 이반 4세 때 지어진 성당으로 정교회 성당 중 가장 아름다운 성당으로 손꼽힌다. 이반 4세가, 다시는 이런 성당을 짓지 못하도록 건축가의 눈을 뽑아 버렸다는 일화가 있다.

붉은 광장의 한 면을 귀엽고도 멋지게 차지하고 있는 성 바실리 성당을 올려다보고 있자면 테트리스의 배경음악인 러시아 민요의 멜로디가 귀에 맴돈다. 철의 장막을 요란하게 뚫어버린 단순한 게임 하나가 우리의 동심까지 지배하고 있다니.

우버를 타고 도착한 북한 식당.

"안녕하세요."
"아무데나 앉으십시요."

메뉴가 책 한 권이다. 무얼 먹어야 하나 망설이는데, 무뚝뚝하게.
"소꼬리탕이 가장 입에 맞습네다."

소꼬리탕과 평양냉면을 국물 하나 남기지 않고 정말 맛있게 먹었다.
계산을 하며 음식이 너무 맛있다고 하니, 어른처럼 화장을 한 어린 종
업원이 돌아서며 피식 웃는다. 남조선 사람과는 말을 섞지 못하게 되어
있다고 들었다.
말도 건네지 못한다니. 참 억울하다.

날씨가 너무 맑은 아침.

크렘린의 한쪽 벽을 차지하고 있는 레닌의 묘에 들어가기 위해 검색대를 통과했다. 성벽을 따라 가면 레닌의 시신이 유리관 안에 안치되어 있는 묘에 들어갈 수 있다.

완벽한 방부처리로 시신이 살아 있는 듯 보존되어 있다. 삼 미터마다 군인들이 서 있어 사진 촬영을 하면 거칠게 끌려 나갈 것 같은 분위기다. 시신을 천천히 둘러보고 반대로 나오는 구조.

볼셰비키를 이끌고 세계 최초로 사회주의 혁명을 일으킨 인물이 고이 지켜지고 있다. 역사는, 65년 뒤 공산당을 해체하는데 성공한 고르바초프에게 노벨 평화상을 선물했다.

오백 루블을 내고 크렘린 궁 안으로 들어섰다.

귀여운 대포가 눈길을 끈다. 황제의 대포. 16세기 만들어진 청동 대포인데 구경이 엄청 크다. 자랑스럽게 여겨진다는 말이 무색하게도 좀 우스꽝스럽다. 포병 출신으로서 장담하건대, 저 크기의 포탄을 날리기엔 포신이 턱없이 짧다. 포탄을 5미터도 날리지 못할 거다.

크렘린의 정중앙.

성모 승천 교회를 중심으로, 양파 모양의 황금을 눈이 부시도록 화려하게 뒤집어 쓴 성당들의 가운데Cathedral square에 서면 16세기의 어느 겨울날에 선 느낌이다. 역시 사진 촬영이 불가능한 성당들의 내부에는 각종 성화와 보물들로 가득하고 러시아 황제들의 무덤이 손때가 묻지 않은 채 보존되고 있다.

싸구려 마트료시카 인형을 흥정 끝에 구입하고, 몇 해 전 러시아를 강
타했다는 낯익은 도시락 라면을 열 개나 사서 포장을 뜯어 버리고 내용
물만 배낭에 가득 채웠다. 독한 발찌카 맥주를 원 없이 마시고, 얼음처럼
단단한 이 역사의 땅을 나흘간 걸었다.

겨울의 모스크바는 차갑지만 웅장하고 맛있고 알차고 화려하다.

나흘이라는 시간이 턱없이 짧은, 너무나도 매력적인 도시.

32. 카자흐스탄을 거쳐 히말라야로

에어 아스타나를 타고 네 시간 걸려 카자흐스탄에 도착했다.

알마티는 넓디넓은 카자흐스탄의 동남쪽 끝, 키르기즈스탄과의 국경 위의 도시이다. 원래의 수도였고 북쪽의 아스타나(지금의 누르술탄)로 천도된 후에도 카자흐스탄의 경제, 문화의 중심지이다. 아스타나로 가고 싶었지만, 겨울 아스타나의 기온은 영하 30도에 육박한다.

알마티 중심의 아파트를 예약했다. 공항에서 심카드를 사고 우버를 불렀는데, 지도의 부정확한 위치 표시로 차를 찾지 못하고 공항 앞에서 50분을 헤맸다.

우버 기사가 참 친절하다. 마트에 파는 한국 라면을 엄청 좋아한다며, 가고 싶은 곳이 있으면 언제든지 전화를 하란다. 어머니가 서울에서 무릎 수술을 받았다고. 후에 확인해 보니 우버 기사는 원래 운임의 두 배를 청구했다.

숙소 앞의 마트에서 밑반찬을 여러 종류 샀는데, 한국의 반찬들과 너무 유사했다. 거의 모든 종류의 한국 라면도 팔고.

지나치는 사람들의 얼굴도 꼭 한국 사람 같다. 한국 사람의 얼굴, 슬라브계 백인, 몽골인의 얼굴이 비슷한 비율로 섞여 있다. 지나치는 모든 사람들이 우릴 유심히도 쳐다본다. 말은 안 통하지만 뭔가 친숙한 느낌.

세계에서 아홉 번째로 넓은 땅을 가지고 있는 나라지만 대부분의 국토는 산맥과 사막, 광활한 초원으로 이루어져 있으니 참 척박한 땅이다.

러시아보다 따뜻한 날씨 덕에 걸어 다니기 참 수월했다.

숙소에서 한 시간 정도를 걸어 도착한 재래 시장의 한쪽 구역엔 고려인들의 반찬가게들이 줄지어 있다. 카자흐스탄 땅에만 고려인("Koryo-saram")이 십만 명이다. 눈에 익은 음식을 발견하고 조심스럽게 "얼마에요"라고 해 보니, 아주머니가 카작 말로 대답하시는데, 옆 가게의 연로하신 할머니가,

"한 개에 오백 원 두 개에 천 원."이라고 하신다.

지금까지도 조선말을 잊지 않으셨다.

어릴 적 강제로 끌려와, 이 척박한 땅에서 평생을 어찌 사셨을까. 우리 얼굴과 똑같은 우리 동포들.

"두 개 주세요. 김밥 사진 찍어도 돼요?"

"나도 찍고 둘 더 사가지?"

특이하게도 연어가 들어가 있는데, 맛이 기가 막히다.

언젠가는 중앙아시아 여행을 해 보고 싶었다. 우리 동포들이 아픈 사연을 안고 일군 척박한 땅을 걷고 싶었다. 그러나 지금은 가볍게 여행할 수 있는 계절이 아니다. 가까운 미래에 우린 다시 배낭을 메고 가장 넓은 대륙의 가장 깊숙한 중앙아시아를 여행하고 있을지도 모르겠다.

네팔로 넘어가기로 했다.

히말라야를 만나기 위해.

에어 아라비아가 네팔 카트만두에 내렸다.

늦은 밤에 도착하여 어둠 속에서 십여 명의 호객꾼들에게서 벗어나 예약해 둔 공항 밖 숙소까지 가는 길이 참 험하다. 개들이 어찌나 많은지 인희를 뒤에 세우고 한참을 돌아다니다 도착한 숙소. 씻기를 미루고 잠시 눈을 붙인 후, 택시를 타고 타멜 거리로 이동했다.

등산 좋아하는 한국 사람 참 많은가 보다. 한국어 간판을 내걸은 식당들이 많고, 유창한 한국말을 자랑하는 네팔리도 많다.

얼마전 강진이 카트만두를 뒤흔든 이후로 한국인 관광객 수가 현저히 줄었다고 한다. 그 빈자리를 중국인 손님들이 채우고 있는 탓에 한국음식점과 한국어를 능통하게 하는 가이드들의 손님이 뚝 떨어졌다며 업종 변경을 심각하게 고민하고 있다고.

카트만두는 혼돈 그 자체다.

어마어마한 흙먼지와 북적이는 사람들, 골목을 누비는 오토바이들과 덜덜거리는 작은 택시들. 미로같이 얽힌 어느 골목을 들어서나 유명 상표를 단 등산복과 산악용품들을 저렴하게 파는 가게들이 즐비하고 히말라야 등반과 부탄, 티벳 여행을 안내해 주는 여행사로 북적인다.

기가 막히게 한국 음식을 잘하는 한식당이 많아 먹을거리 걱정은 없지만, 우리 만두와 똑같은 모모, 수제비 같은 뗌뚝, 칼국수와 별반 다르지 않은 뚝빠 역시 우리 입맛에 잘 맞고 저렴하니, 정신을 차리지 않으면 오래 머물게 될 곳이 틀림 없었다.

플라스틱 물통, 파스, 한국 과자, 양말 등을 구입하고 든든히 배낭을 꾸린 우린 카트만두를 사흘 만에 어렵게 벗어났다.

포카라행 여행자 버스에 몸을 실었다.

거대한 산맥, 히말라야를 품고 있는 네팔엔 셀 수 없이 다양한 등산 코스가 있는데, 그중 가장 유명한 트레킹 코스는 카트만두를 사이에 두고 서쪽의 안나푸르나 사이트와 동쪽의 에베레스트 사이트이다. 우린 안나푸르나 베이스 캠프(ABC)를 선택했다. ABC 등반은 조용하고 따스한 마을, 포카라에서 시작한다.

숙소에서 새벽 일찍 나와 혼란스러운 버스터미널에 도착. 어둠 속에서 버스가 맞는지 확인한 후 탑승하니 이내 출발한다. 덜컹거리며 느린 속도로 여덟 시간이나 달리는데, 사실 카트만두에서 포카라까지는 200km 밖에 되지 않는다. 엉덩이가 삐걱거리는 좌석과 일체가 될 무렵, 버스가 드디어 우릴 내려준다.

더 이상 평화로울 수 없는 포카라의 페와 호수를 내려다 보고 있는 유명한 한인 숙소에 짐을 풀고 안나푸르나 베이스 캠프(ABC) 일정을 상담 받았다.

먼저 올라간 일행들이 굿은 날씨 때문에 엄청 고생하고 있다는 소식. 우린 등반 허가증을 신청하고 며칠 기다리기로 했다.

사장님부터 시작하여, 정 많은 한국 사람들이 가득하다. 도착하자마자 우리 인상이 너무 좋아 보인다며 저녁을 대접하겠다고 하시는 J형님. 든든한 마음 속의 인연을 얻었다.

좋은 사람들과 멋진 술 락시, 맛있는 한국 음식들. 나흘 간의 배부르고 평온한 휴식에 몸을 맡긴 사이, 안나푸르나 베이스 캠프에 오를 수 있는 팀스 퍼밋이 나왔다.

8박 9일의 일정을 계획했다. 울레리라는 마을까지 지프를 이용하고, 푼힐 전망대를 거쳐 안나푸르나 베이스 캠프(ABC)까지. 그리고 돌아오는 길에 오스트레일리안 캠프를 거치기로 했다.

짐을 줄이는 것이 중요하다. 포터 겸 가이드와 우리 셋이 나눠 들고 가는데, 무거우면 아무래도 미안하다. 우리 가이드는 한국말도 제법 하는 꾸말. 꾸말은 대학생이다. 학비를 벌기 위해 가이드를 하고 있고 삼십 번 정도 안나푸르나 베이스캠프에 올랐다고 했다.

침낭 두 개, 라면 여덟 개, 슬리퍼, 경량 패딩, 플라스틱 물통 두 개, 털모자, 양말 여덟 켤레, 속옷 한 벌, 두터운 잠옷, 물티슈, 세면도구.

8일간의 짐이다. 1년 반이 되어가도록 배낭 하나 메고 다니면서도 항상 하는 생각이다.

'우린 도대체 평생 얼마나 많은 짐을 이고 살아가는 걸까. 대부분의 것들이 불필요한 것들일 텐데..'

보통은 아침 일찍 롯지를 나서서 오후 네다섯 시까지 걷고 목적한 위치의 롯지에 짐을 풀고 휴식하는 일정. 첫날은 많이 걷지 않았다.

모든 물건은 인편이나 나귀를 이용해야 하기 때문에 식사 또는 숙박을 위해 만나는 마을들의 롯지 물가는 올라갈수록 매우 비싸진다. 가격은 다르지만 모든 롯지의 식사메뉴는 동일하다. 볶은 면과 케첩 스파게티, 마늘 스프, 감자 등.

에너지 소모가 많지만 고도가 높아질 수록 더해지는 지끈지끈한 두통과 화장실 문제 때문에 배부르게 먹을 수 없으니 음식이 우릴 힘들게 하진 않았다. 질리거나 매운 맛이 당기면 챙겨간 봉지라면에 물을 부어 먹었다.

그저 시원한 맥주 한 모금이 아쉬울 뿐.

롯지는 무척 추웠다. 털모자를 쓰고 우리가 가진 모든 옷을 껴입고 양말을 신고 침낭 안에 들어가 두꺼운 이불을 덮고 잠을 청해야 하는데, 이불 밖으로 노출된 코와 귀가 시릴 정도이다.

이때 플라스틱 물통에, 구입한 뜨거운 물을 담아 침낭 안에 던져 놓으면 아침까지 차가워지지 않는다. 미지근해 진 물통의 물은 아침에 양치와 고양이 세수를 하는데 썼다.

8일간 머리를 감거나 샤워를 하지 않았다. 무서운 고산병 예방을 위해 씻지 않았거니와 씻을 엄두도 나지 않는다. 샤워를 하지 않을 것을 대비해 물티슈를 챙겼지만, 그마저도 쓰지 않았다.

이틀째. 밤새 언 몸을 깨워 새벽같이 푼힐 전망대에 올랐다. 별로 걷지도 않았는데, 벌써부터 온 몸이 쑤시고 무릎에 무리가 온다.

점점 더 가까워 질 안나푸르나 스카이라인을 한눈에 볼 수 있는 푼힐 전망대를 최종 목적지로 하고 내려가는 사람들도 매우 많았다.

롯지로 내려와 든든하게 아침을 먹고 다시 출발. 타다파니로 가는 중 눈길을 만났는데 아이젠을 가져오지 않은 꾸말이 두 번이나 미끄러져 넘어졌다. 내가 가져간 아이젠을 한 쪽 식 나눠 신고 파란 롯지가 나타나기만을 바라며 걸었다.

뜨거운 물을 우리 돈 삼천 원 정도에 사서 소중히 담은 물통을 끌어안고 잠이 든 두 번째 밤은 첫날보다 춥지 않았다.

체크포인트인 촘롱에서 퍼밋 확인을 받고, 반가운 김치볶음밥과 김치찌개를 사 먹었는데, 그렇게 맛있을 수가 없었다. 과장을 조금 보태면 우리가 여태 여행길에서 먹은 음식 중 가장 맛있는 정도.

숙소가 있는 어퍼(upper) 시누와까지 조금 무리해서 걸었다. 많이 걸어 두어야 다음 날이 편해지지만 파란 지붕의 롯지를 그냥 지나칠 때면 모두들 말이 없어진다.

다리가 점점 말을 듣지 않는다.

  나흘째가 되니 이젠 씻지 않아도 찝찝하지가 않다. 하루에 사계절을 모두 체험할 수 있는데 낮엔 반팔을 입을 정도로 강렬한 햇빛을 만나 신나게 땀을 흘리다가 해가 잠깐이라도 숨으면 엄청난 추위가 몰려 오니, 씻고 싶은 생각은 금새 사라졌다.

  하늘날씨가 변화무쌍하다. 저 멀리 구름이 피어 오르는 것 같으면 눈 깜짝할 사이에 온통 구름안개로 뒤덮이다가도 이내 푸른 하늘이 펼쳐진다.

  시원한 맥주 한 잔과 담배 한 개비. 고산병을 피하기 위해 참아야 하는 것들이다. 고산증과 금단증세의 크기를 비교해 보려고 노력했지만 실패하기를 여러 번.

아팠던 다리가 오히려 좀 풀리는 느낌이다. 몸도 적응을 하는 거다. 데우랄리에서 안나푸르나 베이스 캠프(ABC)까지 단숨에 올라가는 날.

신성한 마차푸차레의 베이스 캠프(MBC)에 도착한 우린 숨을 돌리며, 첫날보다도 가벼워진 우리 다리를 신기해했다.

MBC에서 안나푸르나 베이스 캠프까지 가는 길은 그저 행복한 길이다. 몸의 피로도 느껴지지 않고, 한 걸음 한 걸음이 감사하다.

항상 잡힐 것 같지 않던 마차푸차레의 멋진 봉우리가 드디어 우리 뒤에 우뚝 서 있다. 그 대신 우리 눈앞엔 팔천 미터가 넘는 안나푸르나가 펼쳐져 있다.

얕은 현기증과 함께 격해지는 감정의 길.

　드디어 안나푸르나 베이스 캠프에 도착했다. 여기서부터는 전문 등반
가들의 몫이다. 위대한 산이 우리에게 선물하는 모든 감정과 에너지를
인간의 언어로 표현할 재주가 있다면 얼마나 좋을까.

　롯지에 짐을 풀고, 힘든 걸음을 마쳐 행복한 얼굴의 사람들과 오손도
손 담소를 나눴다. 그리고 해발 4,130미터에서 먹는 세상에서 가장 맛있
는 봉지라면 하나로, 남은 고산증세를 날려 버렸다.

　에베레스트, K2, 칸첸중가 등 8,000미터가 넘는 14개의 봉우리 중 인
간이 가장 먼저 등정에 성공한 산이 안나푸르나이다. 2001년 고故 박영
석 대장이 14좌를 완등했고, 그는 지금도 안나푸르나에 있다. 우린 대장
이 여전히 있을 하얀 남벽을 향해 앉아, 감히 상상도 할 수 없는 그의 세
상의 크기를 가늠해 보려 애썼다.

안나푸르나의 품 속에서 하룻밤을 푹– 자고 하산했다. 내려오면서도 계속 돌아보며 마음속에, 머릿속에, 가슴에 꼭꼭 담았다. 눈을 감아도 보이도록.

눈을 감아도 보인다.

안녕, 안나푸르나.

재활이 필요한 우리 육신.

평화로운 포카라에서 맛있는 음식과 좋은 사람들 틈에서 총 6일을 푹 쉬었다.

다시 카트만두로 이동하기 위해 숙소 사장님이 끊어 주신 600루피짜리 버스를 타고 이동하는 중 중간 즈음에서 사고가 났다. 추월을 시도하는 봉고차와 부딪혔는데, 봉고차 안의 사람들이 많이 다친 모양이다. 뒤따라 오던 다른 회사 버스에 구겨지듯 옮겨 타고 먼지와 혼돈의 카트만두에 도착했다.

그 사이 카트만두의 숙소에 미리 준비를 했던 부탄 비자가 도착했다.

우리가 받은 비자들 중 가장 간출한, 달랑 종이 한 장짜리 비자.

33. 탁상곰파와 행복의 조건

"그들은 정말로 행복할까?"

부탄. 가기 가장 어려운 나라 중 하나다. 자유여행이 불가능하고, 비용이 만만치 않다. 하루당 체류비 200~250달러를 세금조로 내야 하고, 수수료를 아끼기 위해 부탄의 여행사와 직접 계약을 해야 하는 수고가 필요하다. 비행편이 없어 방콕이나 카트만두를 반드시 거쳐야 하고, 비행기 값이 매우 비싸다.

아마도 부탄으로 들어가기 가장 쉬운 나라가 네팔인 듯 싶다. 거의 매일 카트만두발 비행편이 있고 수수료가 저렴한 여행 패키지를 구할 수있다. 카트만두의 골목마다 널리고 널린 여행사에 돈만 지불하면 항공권부터 비자, 가이드 차량, 숙식이 모-두 해결된다.

카트만두의 몇 군데 투어사에 문의해 봤지만, 우리가 머물던 숙소에서 가장 저렴하게 예약이 가능했다. 보통 '200달러 X 체류일 + α'가 총금액이 되는데, α에는 항공권 가격과 비자비용, 수수료가 포함된다.

카트만두 숙소에 큰 짐들을 맡기고 승려들이 가득한 부탄 에어라인에 올랐다.

"우리가 부탄엘 다 가는구나."

입국하면서 떨리기는 참 오래간만이다. 어떤 나라일까.

작은 분지 안에 콕 박혀 있는, 활주로가 짧기로 유명한 파로 공항. 부탄 기장 여섯 명밖에 착륙 시키지 못한다는 설이 있다. 종이비행기처럼 급하게 방향을 틀고 짧은 활주로로 엄청나게 급하강하여 급브레이크를 밟는 느낌.

공항에 내려 간단한 입국심사를 마치고 나오니 가이드 '닥파'가 치마 모양의 전통 복장(고'Gho')을 입고 마중나와 있다. 환영의 의미로 하얀 천을 목에 걸어주며 짧은 기도를 한다. 먼지 하나 없이 세차한 한국산 SUV 차량에 올라 수도 팀푸로 향하면 비로소 관광이 시작된다.

담배가 금지된 나라라고 들었다. 물론 술도 마실 수 없다고.

그러나 숙소마다 외국인을 위한 지정흡연구역이 있고, 사원이 보이지 않는 곳에서 적당히 눈치를 보며 담배를 피우면 아무도 무어라 하는 사람이 없다고 한다. 술도 숙소나 레스토랑에서 조금 비싼 가격에 사 마실 수 있고.

물론 부탄인이 담배를 태우다가 적발되면 두 번째까지 벌금, 세 번째엔 교도소에 간다고, 가이드 닥파가 길 옆 모퉁이에 쭈그리고 앉아 같이 담배를 피우며 이야기 해 줬다.

부탄. 2010년 영국 한 단체의 조사에서 부탄 국민의 97 퍼센트가 행복하다고 응답을 했다. 현 5대 왕의 아버지인 4대 왕은 '국민행복지수'를 만들어 물질적 평가 지수인 GDP를 대체했다.

직관적으로 생각해 보아도, 그러한 설문 결과는 단체 최면에 걸리지 않은 이상 불가능하다. 아무리 자급이 가능한 농업과 어마어마한 자연을 가지고 있다고 한들, 정보와 자본의 힘을 이겨낼 무언가는 인류 역사상 존재하지 않는다.

여행 내내 '이들은 정말 행복할까.'에 집중했다. 우리 목적도 결국 행복이니까..

팀푸종(타시초종).

부탄의 곳곳에 종Dzong이 있는데, 원래는 성벽의 용도였지만 지금은 사원과 관청의 역할을 한다고 한다. 모두 부탄을 대표하는 아름다운 건축물들이다.

이곳, 타시초종에 국왕이 산다. 부탄 사람들은 국왕 일가를 극도로 사랑한다. 부탄 왕족은 절대군주제를 스스로 내려 놓은 최초의 왕가이다. 전왕인 4대 왕이, 자신을 절대군주로 모시려는 국민들을 '설득'하고 권력을 스스로 행정부에 위임하고 입헌군주제를 실시했다고.

왕이 국민 위에 군림해서는 국민의 행복을 책임질 수 없다고 판단한 까닭이다.

부탄 사람들은 참 친절하다. 누구나 웃으며 인사를 먼저 건네 온다. 그리고 그들은 항상 웃고 있다. 커다란 마니차를 돌리며 기도를 하는 사람들.

어딜 가나 볼 수 있는 이 크고 작은 마니차에는 불교 경전이 담겨져 있다. 돌리면 경전의 힘이 온 세상에 퍼진다는 말을 들은 우린 마니차가 눈에 뜨일 때 마다 돌렸다. 빙글빙글—

　부탄 사람들은 부탄의 어디에도 교통 신호등이 없는 것을 상당히 자랑스러워 한다. 멋지게 차려 입은 교통 순경이 수신호로 차량을 통제하는데, 차량 자체가 그렇게 많지가 않아 좀 멋쩍다.

　눈에 뭐가 들어가서 삼일 째 도통 나오질 않는다. 아마도 카트만두에서 먼지가 들어간 것 같은데, 좀 비벼서 상처가 난 것 같기도 하고. 불편함을 넘어 통증이 심해졌다. 아이 클리닉이 있냐고 닥파에게 물어보니, 병원이 모두 쉬는 날이라며 서둘러 응급센터로 가 준다. 식염수를 들이부어도 나아지질 않는다. 내일 파로의 큰 병원에 가 보자고 한다.

　부탄은 모든 병원비가 무료이다.

남녀노소를 막론하고 항상 무언가를 열심히 씹는다. 그래서 모든 사람들의 치아와 입술이 빨갛다. 역시나 오물오물 씹고 있는 가이드를 유심히 보고 있으니 닥파가 우리에게도 하나씩 건넨다.

'도마'라고 부르는데, 아주 딱딱한 견과를 라임 바른 잎사귀에 싸서 씹는다. 약한 환각 효과를 내는데 처음엔 귀 뒤쪽이 뜨거워진다. 우린 몇 번 씹다가 닥파가 보지 않을 때 뱉어 버렸다.

"삼켰어?"

"응."

"삼키면 안되는데. 배탈이 날 거야."

우리는 '그들은 정말로 행복할까'에 대한 답을 찾아야 한다.

가이드 닥파는 틈이 날 때 마다 휴대폰을 꺼내 든다. 무얼 그리 열심히 하나 슬쩍 보니 인스타그램이다. 정신이 온통 거기에 있다.

산맥에 막혀 있고 인도와 중국이라는 거대국 사이에 콕 박혀서 중립을 홀로 선언한 채 교류하고 있지 않지만, 인터넷은 막을 수 없는 거다.

인터넷, 가보지 못하는 '세상'과 '나'를 비교하는 수단이다.

그리고 '비교' 함으로써 행복은 깨지게 되어 있다.

　드디어 탁상 곰파에 오르는 날이다. 부탄의 가장 대표적인 모습. 절벽 가운데 위태하게 서 있는 사원 사진 한 장이 우리를 이곳까지 오게 했다.

　이른 아침 숙소 앞에서 만난 가이드 닥파는 전통 복장을 그대로 입고 등산화를 신었다. 각오를 단단히 한 모양이다. 우리에게 오늘은 조금 힘들 거라고 연신 이야기한다.

　"우린 괜찮아. 산을 제법 잘 타지"

　닥파는 '괜찮아요' 발음을 이제 제법 잘한다. 천천히 경치를 감상하며 동네 뒷산 트레킹 하듯 오르면 총 세 시간 정도 소요된다. 중간의 까페에서 무료 차와 비스켓으로 요기를 하고.

부탄에서 가장 중요한 사원, 탁상 곰파Taktsang Gomba. '호랑이의 둥지 사원'이라는 뜻이다. 두 번째 부처로 추앙 받는 파드마 삼바바가 747년에 암호랑이를 타고 티벳을 넘어와 이곳에 앉아, 모든 악귀들을 물리치고 석 달간 명상했다고 한다.

절경을 감상하며 마니차를 돌리고, 쉬고 오르기를 여러 번. 가이드 닥파가 숨을 거칠게 몰아쉰다.

"괜찮아요."

물 한 통이 동나고 뒷목이 적당히 젖을 때 즈음 드디어 탁상 곰파가 빼꼼히 보이기 시작한다.

3,140미터 높이의 깎아지른 절벽 중간에 묘하게 숨어 있는 탁상 사원의 모습은 정확히 부탄의 모습이다. 꼭꼭 숨어 있다. 외로워 보이지만 당당하다. 쉽게 찾을 수가 없다. 찾는 것조차도 수행길이다.

고로 탁상은 부탄 그 자체이다.

고행길과도 같은 돌계단을 지나 도착한 탁상 곰파의 내부는 12개의 사원으로 이루어져 있다. 촬영이 엄격히 금지되어 있어 휴대폰을 포함한 모든 소지품을 입구에 맡겨야 한다.

닥파의 친절하고 자세한 설명과 함께 한 시간 가량 내부를 둘러보고 돌아 내려오는 걸음이 아쉽다. 몇 걸음 가지 못하고 다시 탁상 곰파를 뒤돌아 보길 수십 번.

탁상 곰파 뿐 아니라 다파가 우리에게 안내한 부탄의 모든 사원의 내부는 지어졌을 당시 그대로의 모습으로 지켜지고 있다.

낡고 오래되었지만 손 댈 필요가 없는 곳은 노력을 들여 바꿀 필요가 없는 거다.

그러면 그곳에는 시간이 살아 흐른다.

우린 너무 쉽게, 많은 것을 '바꾼다'.

떠나는 날.

아침 일찍 닥파를 만났다. 정성스럽게 싼 아침 도시락을 건네받고 공항으로 향하는 차 안에서, 닥파는 우리에게 '행복했는지' 묻는다. 그리고 우리의 손을 잡고 행복을 기원하는 긴 기도를 해 준다.

아, 행복.

티베트를 넘지 못한 바람이 부탄 땅에 비를 뿌려 농사를 지으면, 고작 75만 명의 사람들은 충분히 자급자족이 가능했을 것이고, 고립된 채 행복하게 살아갈 수 있었겠다.

그건 옛날 이야기다.

WHO에 따르면 2015년 부탄의 자살률은 세계 20위권. 2016년 행복 지수에서는 6년 만에 56위로 추락했다. 젊은이들은 도시로 몰려들고 있고 일자리 문제가 커지고 있다고 한다.

어쩔 수 없는 인간사일까. 자타가 공인했던 행복의 나라를 자세히 들여다보면 과연 집단의 행복이 존재할 수 있는가 하는 의문이 든다. 그런데, 가이드 닥파의 한마디가 참 의미심장하다.

'부탄은 그대로 있다'는 말.

부탄은 그대로 있다. 그대로 있었다. 그리고 그대로 있을 거다. 그런데 그들이 정말로 행복한지, 몇 점 만큼이나 행복한지를 채점하려는 우리가 그들의 삶을 멋대로 재단한 게 아닐까.

그래서 우리가 얻어낸 결론은 '에이..역시. 그렇게 행복할 수가 없겠지.'가 아닐까.

부탄의 왕은 물질적 풍요보다 국민들의 행복도를 높이는 것을 국정의 목표로 하고 있다. 추상적인 국민의 행복을 측정하기 위해 고심했고, 그렇게 만든 국민행복지수를 국가 정책의 기준으로 삼고 있다. GDP가 아니다. 행복지수가 떨어진 분야가 있으면 예산을 투입하는 방식이다.

과연 더 이상 무엇이 필요할까.

우리 인간들이 어쩔 수 없이 구속되어야 하는 국가의 틀 안에서, 행복하기 위한 '조건'을 갖추었다. 이제 개개인이 행복한지를 묻는 것은 인간 내면의 문제이다. 부탄의 문제가 아니란 말이다.

부탄은 부러움 받을 만 하다.

우리에게 가장 강렬한 기억으로 남을 나라.

카트만두 타멜 거리의 숙소로 다시 돌아와 스리랑카로 가는 비행기표를 예매했다.

앞으로의 우리 일정에는 더운 나라들만 남았는데, 숙소 구석을 차지하고 있는 노르웨이에서 산 우리 점퍼가 부피도 크고 참 무겁다. 우리의 하얀 겨울이 포근한 추억으로 둘둘 말려져 있다. 보기만 해도 하얗고 콧등 시린 내음이 아련하다. 버릴 수가 없지만 싸 들고 다니는 것도 무리인 듯 싶어 숙소 사장님과 사모님께 선물로 드렸다. 무지 좋아하시는 모습에 인희가 더 즐거워했다.

조금 더 카트만두를 즐기기 위해 아랫마을로 숙소를 옮겼다. 우리의 대통령이 과거 히말라야 트레킹을 위해 묵었다는 숙소가 타멜에서 걸어서 15분 거리에 있다. 숙소 곳곳에 대통령의 흔적이 많이 남아 있다. 벽마다 걸려 있는 사진들을 자랑스러워 하는 숙소 사장님은 나보다 한국말을 잘한다. 한국의 단편영화에도 출연하셨다고.

네팔의 한 달짜리 비자를 꽉 채우고 카트만두를 떠났다. 싼 비행기를 찾다 보니, 일 년 삼 개월 전에 거쳐 온 쿠알라룸푸르를 경유했다. 동남아에서 벗어난 이후로 '집'과 가장 가까이 날았다.

그러고 보니 오늘이 집 떠나온 지 오백 일 되는 날이다.

묘한 기분.

'이제 많이 가까워졌구나..'

34. 배낭여행의 진수, 스리랑카

스리랑카 콜롬보 공항은 콜롬보가 아닌 윗동네 네곰보와 매우 가깝다. 미리 예약해 둔 네곰보의 숙소 사장이 반짝거리는 툭툭을 끌고 공항으로 우릴 마중 나왔다. 새로 장만한 툭툭이 자랑스러운가 보다. 가고 싶은 곳 어디든 얘기하라고 한다.

오랜 비행에 지쳐 그냥 숙소에서 점심을 해결하기로 했다. 다행히 스리랑카 음식이 우리 입에 잘 맞는다. 식사 후 동네 구경을 하고 일몰이 멋진 해변을 거닐며 스리랑카의 분위기에 젖기 위해 애썼다.

이튿날 새벽, 같이 시장에 가기로 한 숙소 주인이 일어나지 않았다. 문을 두드리며 깨우니 졸린 눈으로 서두르자고 한다.

사장님의 광 나는 툭툭을 타고 삼십분을 달려 도착한 피쉬 마켓.

스리랑카에서 참치가 엄청 많이 잡히나 보다. 작은 것들부터 사람보다 큰 것들까지, 크기에 상관없이 어획하는 것으로 보인다. 우리가 그렇게 보고 싶어 하던 만타 가오리가 여기저기 처참히 널브러져 있다. 각종 상어들까지.

'이러니 그렇게 물속에서 보기 힘들지..'

하루를 더 자고 가라는 주인의 애원을 뿌리치고 기차역까지 다시 광나는 툭툭을 탔다.

'갈 길이 멀어요.'

아누라다푸라행 기차를 타기로 했다. 기차삯 참 싸다. 3등석은 우리 돈 900원 정도 하는데 처음이니 두 배 정도 하는 250루피짜리 2등석 표를 샀다. 등받이가 조금 뒤로 기울어져 있는 것을 제외하면 3등석과 차이가 없다. 어차피 2등석에 자리가 없으면 3등석에 가서 앉아야 한다.

후에 알았지만, 그냥 자리가 나면 몇 등석짜리 표를 가지고 있든 간에 빈 자리에 일단 앉아야 했다. 자리 구분이 없었다. 빈 자리가 없다면 만원기차에 움직일 수도 없이 갇혀 목적지까지 가야 한다.

아누라다푸라 기차역에 도착.

숙소까지 4킬로 정도를 걸었다. 아끼느라 툭툭을 타지 않고 뜨거운 길을 걸었더니 몸 이곳저곳이 쑤신다. 몸살 마냥 열이 나고. 가만히 있어도 땀이 줄줄 흐르는데 이 더위에 감기가 걸렸을 리도 없다. 처음 느껴보는 종류의 통증이었는데, 아마도 댕기열 같은 게 잠깐 지나간 듯 싶다. 호스텔에 짐을 풀고 하루를 푹 자니 다행히도 씻은 듯이 나았다.

유네스코 세계유산인 아누라다푸라는 기원전 4세기에 건설된 옛 수도이자 신성 도시이다. 그 유명한 인도의 아소카왕이 불교를 전파한 곳이며 부처의 그 보리수 나무가 이곳에 있다. 중요한 사원들이 여기저기 산재해 있어서 툭툭 투어를 해야 할 정도.

이수루무니야 사원은 스리랑카 최초의 불교 사원이다. '최초', '최고' 등의 타이틀은 여행자가 무시하고 지나칠 수 없다.

티켓(200루피, 1,400원)을 사고 신발을 입구에 맡기고 레깅스 바지를 입었다. 스리랑카의 모든 사원에서는 무릎을 보이면 안 된다.

커다란 암석을 파내서 지은 사원.

인도 아소카 왕의 명에 따라 마힌드라(마힌다) 스님이 미힌탈레에서 왕을 만나 불교를 전파하고 세운 최초의 불교 사원이라고 하는데, 단련되지 않은 우리의 맨발바닥은 뜨거운 돌길과 울퉁불퉁 자갈길에 속수무책. 나무 밑의 평평한 그늘을 만날 때마다 이내 웃으면서 누가 먼저랄 것 없이 주저앉았다.

보리수가 있다는 Jaya Sri Maha Bodhi. 입장료가 있는데, 입구 검색대의 경찰이 졸고 있다. 깨워서 검색대를 통과해도 되느냐고 묻자 지나가란다. 들어왔더니 바로 보리수가 있는 사원이 눈앞에 있다. 표도 없이 들어왔다.

아소카 왕의 공주이자 마힌드라 스님의 여동생인 상가미타가 기원전 3세기에 인도의 부다가야(석가모니가 깨달음을 얻은 보리수)의 가지를 가져와 옮겨 심었다. 부다가야는 죽었으니 이젠 가장 오래된 부처의 보리수가 되겠다. 보리수 주변을 천천히 한 바퀴 돌고 한동안 그 밑에 앉아 나무를 올려다 보았다. 석가가 보리수 밑에서 어떠한 깨달음을 얻었는지 나같은 미생이 이해하기는 참 힘든 일이다.

미힌탈레행 버스를 탔다. 미힌탈레Mihintale는 마힌드라가 기원전 3세기에 불교를 처음 전파한 곳이다. 버스에 내려 유적지가 모여 있는 곳으로 향하면 제일 먼저 박물관을 만난다. 반갑게 인사하며 무료라고 들어와 보라기에 들어갔더니 소정의 돈을 요구한다. 미안하다며 멋쩍게 나와긴- 돌계단을 오르면 미힌탈레 구경이 시작된다.

칸타카 치티야 스투파 옆으로 산길을 조심히 지나면 동굴이 나오는데, 커다란 칼을 들고 풀숲에서 부스럭거리며 나타난 아저씨가 길안내를 해주겠다고 따라오란다.

"이미 봤어요. 칼이 크네요."

역시나 사원 입구에 신발을 맡기며 다리를 가리려 가져온 큰 천을 허리에 둘렀는데, 아차 싶다. 바닷가에서 쓰려고 브라질에서 샀던 큰 천인데 예수상이 너무 크게 그려 있다.

마힌드라 스님이 처음 도착했다는 바위산에 올랐다. 돌들을 타고 오르는 길이 가파르고 험하다. 암반이 미끄러워 양말이 벗겨지기 일쑤.

원숭이 한 마리가 긴 줄의 인도 순례객들을 따라 올라와서 가뜩이나 좁은 바위 정상을 시끌벅적하게 만들었다. 원숭이는 한 평도 되지 않는 좁은 바위 위에 사람들 틈에 같이 끼어서 쉴 새 없이 사람들의 주머니에 손을 넣으려 노력했다.

티를 내지 않았지만 난 사실 원숭이가 좀 무섭다. 원숭이의 눈을 보면 마치, '니 생각을 정확히 읽고 있으니 주머니에 있는 무언가를 꺼내 놓아라. 그러지 않으면 올라타겠다.'라고 생각하고 있는 것만 같다. 어딜 가나 적응이 되지 않는 동물 중 하나.

담불라의 황금사원과 석굴사원을 거쳐 시기리야로 향했다. 사실 시기리야 락Sigiriya Rock을 보기 위해 스리랑카에 왔다고 해도 과언이 아니다. 공중에서 바라보는 시기리야 락의 모습은 여기저기서 흔하게 보던 명소와는 느낌이 다른, 마치 아무나 만날 수 없는 미지의 문명이 여기 있으니 더 유명해지기 전에 빨리 달려오라는 무언의 메세지를 우리에게 비밀스럽게 전하는 듯 했다.

버스에서 내려 시골길을 한참 헤맸다. 숙소가 새로 생겼는지 동네 사람들은 숙소 이름을 듣고 서로 한참을 토론하더니 지도의 위치와 전혀 다른 방향을 가리켰다.

지도가 틀렸다.

문 밖에서 주인을 부르니 아저씨가 반갑게 뛰어 나온다.

스리랑카 사람들은 나이를 불문하고 모두 친절하다. 그리고 어디서든 손님을 맞는 즉시 예쁜 찻잔과 주전자로 홍차를 내어놓는다. 더 달라 하면 너무 기뻐하며.

이층의 숙소에 배낭을 내려 놓고 물을 벌컥벌컥 마시는데, 숙소 주인이 저길 보라며 바위를 가리킨다. 시기리야 락이 한 눈에 보이는 멋진 전경이다. 하룻밤 10불에 아침 식사까지 거하게 나오는 트윈룸이 이런 전경을 갖고 있다니.

일단 멀리서 시기리야 락을 볼 수 있는 반대편 봉우리, 피두랑갈라에 먼저 올랐다.

피두랑갈라에서 내려오는 길에, 지도를 보니 피두랑갈라와 시기리야
락을 모두 볼 수 있는 뷰 포인트가 있다. 한참을 걸으며 그럴듯한 바위들
의 정상에 올라 봤지만 두 봉우리를 모두 볼 수 있는 곳이 없었다.

헤매던 중 바위 밑에서 2미터 정도 되는 꼬리를 크게 펼친 공작새를
발견했다. 야생의 공작은 처음 본다. 인희를 불러 숨을 죽이고 카메라를
켜고 돌아섰는데, 그사이 공작이 자취를 감춰 버렸다.

"쉽게 사라질 크기가 아닌데."

긴 나뭇가지를 들고 공작이 숨을 만한 큰 수풀 사이를 뒤적거리며 한
참을 바위 능선을 따라가다 어느 순간 고개를 들어보니 한 눈에 펼쳐지
는 멋진 두 봉우리. 지도 대신 공작이 우릴 안내했다.

시기리야 락에 오르는 날.

아침 일찍 조식을 든든히 먹고 마을을 가로질러 도착한 매표소에서 입장권을 30불에 구매했다.

바위에 오르기 위해 선 줄에는 중국 단체 관광객들이 어마어마하게많았다. 한 시간을 서 있어도 십 미터도 나아가질 못했고, 다닥다닥 붙어선 줄 안에서 특유의 크나큰 목소리에 귀가 저릴 지경이다. 이따끔 원숭이가 출현하여 방심한 누군가의 가방을 노릴 때면 일대가 순간 아수라장이 되길 여러 차례. 줄에서 탈출하여 단체가 다 올라갈 때까지 기다리기로 했다.

원숭이들의 눈을 피해 바나나를 잽싸게 입에 넣고 오물오물 거리다 눈이 마주칠 때면 오싹하다. 우리 주위를 서서히 포위하는 원숭이들로부터 도망 다니듯, 앉은 자리를 여기저기 옮기며 두어 시간 정도 기다리니 어느새 인파가 사라졌다.

5세기, 정신이상자였던 카사파 왕이 아버지를 죽이고 왕좌에 오른 후 두려움에 떨다가 도망치듯 200미터 바위 꼭대기에 왕궁을 지었다. 궁전의 입구는 사자의 입처럼 만들었는데, 들어오는 사람 모두 두려움에 떨게 할 목적이었다고 한다. 후에 카사파 왕은 자살했다고.

정상으로 오르는 철계단이 아찔하다. 감탄을 하며 천천히 오르니 생각보다 넓은 정상의 왕궁 터가 나타났다. 이곳저곳을 탐색하며 두 시간 가량을 보냈다.

모 항공사의 인도양 광고로 머리에 각인되어 있던 장면. 우린 또 하나의 명장면을 직접 기억에 새겼다.

시기리야에서 캔디로 내려가기 위해서는 다시 담불라를 거쳐야 한다. 담불라행 버스에 타자마자 비가 억수같이 쏟아졌다.

'홀딱 젖은 채로 캔디행 버스를 타겠군.'

담불라에 내려 비를 피하는데, 미니버스에서 "캔디!!"를 외친다. 그리하여 300루피(2,100원 정도)에 에어컨 나오는 미니버스에 탑승.

예약한 숙소에 짐을 풀고, 캔디를 구경했다.

이름처럼 예쁜 이 마을은 관광객으로 북적인다. 시장을 구경하는 중 복권을 열심히 긁고 있는 승려를 발견했다. 현세의 번뇌를 멸하는 것이 그 누구에게든 얼마나 어려운 일인가.

캔디 관광의 목적은 단연 불치사Sri Dalada Maligawa이다. 부처의 다비장 후 남은 송곳니를 인도의 칼링가 왕국 공주가 머리에 숨겨 스리랑카로 가져왔다고 한다. 아누와다푸라와 폴론 나루와를 거쳐 현재는 이곳 캔디 에 있다.

전 세계에 부처의 '진신'이 남아 있는 곳은 이곳 스리랑카 캔디를 포 함하여 단 두 곳이라 한다. 중국 어딘가에 부처의 손가락뼈가 남아 있다 고. 물론 진신'사리'는 세계 도처에 흩어져 있다. 우리나라에도 다섯 곳 인가에 진신사리가 있는 것으로 알고 있다. 사리는 조심스런 말이지만, 그 진위에 다툼이 많고 여기저기 워낙 많이 남아 있다.

하여, 이곳 캔디의 불치사는 세계적인 불자들의 순례지이다.

　불치사의 곳곳을 구경하며 불치함을 공개하는 시간을 기다리다가 드디어 긴 줄에 섰다. 줄을 선 상태로 불치함을 지나며 바로 앞에서 볼 수 있는데, 물론 그 앞에선 촬영할 수 없다. 사진은 관람 후 줄 밖에서 군중의 머리 위로 찍어야 한다.

　인도에서 화장되고 남은 붓다의 송곳니는 험하고도 험한 여정을 거쳐 스리랑카로 몰래 반입되었고 화려한 함 안에 보관되어 전 세계의 불자들에게 귀한 성물이 되었다.

　역사적 보물을 만날 때마다 우리의 작은 머릿속을 간지럽히는 질문.

　'진짜일까..?'

하푸탈레 가는 기차를 탔다.

여행자들은 대부분 2등석 표를 구매하는 것 같다. 우린 그냥 3등석 표를 샀다. 2등석을 사 봤자 자리가 없으면 3등석으로 밀려간다. 어디에 앉아도, 크게 차이가 없이 다들 경치를 보며 비좁게 흘러간다.

아름답기로 유명한 캔디 – 하푸탈레 구간을 여행할 때는 반드시 기차의 오른편에 앉으라는 말이 있지만, 열차가 서자 마자 먼저 올라타기 위해 몰려드는 현지인과 배낭객들에 섞여 기차에 오르면 왼편, 오른편의 선택의 여지가 없다. 자리가 없다면 재빨리 열차 사이의 열린 계단에 앉는 것이 제일 좋은 방안이다.

누구나 가지고 있는 곡선 기찻길에 대한 환상을 완벽하게 충족시켜 준다. '기차 여행이란 바로 이런 것이다.'라고 소리를 치며 달리는 듯한 스리랑카 기차. 팔백 원 남짓의 표 값이 송구할 정도로 아름다운 기찻길이다.

그렇게 하푸탈레에 도착했다.

툭툭을 타고 숙소에 도착하니 주인 아저씨는 당연하다는 듯 홍차를 내어준다. 그리고는 서둘러 아주머니를 불러 같이 우리 앞에 마주 앉았다. 서로 어색하지만, 스리랑카에선 계속 이런 식이다. 잘 통하지 않는 영어로 짧은 인사와 함께 그간의 여정을 간단히 나누다가 찻잔이 비면 비로소 일어나 방으로 안내한다.

따듯하다. 참 따듯하고 순박한 스리랑카 사람들.

이러한 숙소의 전경은 덤이다.

　하푸탈레를 포함한 스리랑카 중부의 고원지대는 질 좋은 홍차 생산지
이다. 영국의 유명 회사, 립톤의 설립자 토마스 J. 립톤 씨가 앉아 광활한
차밭을 내려다보던 Lipton Seat에 우리도 앉아 립톤 아저씨의 감정을 느
껴보려 했으나 발 밑엔 온통 하얀 안개밖에 보이지 않았다.

　1800년대 말, 스리랑카(당시 '실론')의 차밭을 통째로 사서, 그 당시
매우 고가였던 홍차를 싼 값에 대중화 하는데 성공한 립톤. 질 좋고 값
싼 농산물은 전형적인 플랜테이션의 결과물이다.

　차밭의 사람들은 모두 웃으며 먼저 인사를 한다. 고생스러운 노동의
현장에 카메라를 들고 관광 다니는 것이 미안했는데, 사진을 찍으라며
포즈까지 취해 준다.

어딜 가나 물처럼 마실 수 있는 홍차에 우린 중독되어 갔다.

버스를 타고 엘라에 도착한 우린 역시나 홍차 주전자를 들고 나온 숙소 아저씨의 정보를 따라 나인아치스 브릿지로 향했다.

가는 길이 험하고 찾기 힘드니 조심하라는 아저씨의 우려와는 달리 갈림길마다 서 있는 표지판을 따라 가면 된다. 설령 표지판을 잃었더라도 가만히 서 있으면 현지인들이 친절히 안내를 해 준다.

아치(Arch)가 아홉 개인 다리.

가끔 기차가 지날 때면 아슬아슬 다리 위의 사람들은 다리 끝으로 피신하며 동화같은 추억을 만든다.

이제 바닷가로 가고 싶은 우리.

엘라가 유명 관광지의 가운데에 낀 탓에 버스가 모두 만원이다. 다섯 시간을 서서 갈 수 없으니 거꾸로 반다라웰라 버스터미널로 거슬러 올라가서 남쪽 마타라로 내려가는 버스를 타기로 헀다. 반다라웰라에서 남쪽으로 가는 버스를 찾아 여기저기 뛰어다니던 중 익숙한 한국말이 들린다.

"어디로 가세요?"

"남쪽으로 내려가요."

"버스 오면 내가 알려 줄게요. 한참 기다려야 해요."

의정부의 공장에서 5년을 넘게 일했다는 아저씨. 공장 사장님이 무서웠지만 돈을 벌어와 고향에 작은 식당을 열 수 있었다고.

'나쁜 기억은 잊길 바래요.'

마타라 버스터미널에서 버스를 갈아타고, 드디어 예약한 숙소가 있는 최남단 마을 미리사Mirissa에 도착했다.

거친 파도 위에 위태하게 서 있는 장대에 올라가 낚시를 하는 내셔널지오그래픽의 유명한 사진 한 장의 배경이 스리랑카 남부 해안이다. 숙소에 물어보니 미리사부터 우나와투나까지의 긴 남부 해안을 따라 종종 볼 수 있다고 한다. 지금은 그런 방식으로 고기를 잡지 않고 관광객을 위한 비즈니스라는 말을 덧붙이며.

아마도 시기리야의 바위산, 차밭의 여인들과 함께 장대낚시는 스리랑카를 대표하는 장면 중 하나일 거다.

장대낚시(stilt fishing) 하는 모습을 보기 위해 숙소 앞의 버스를 타고 미디가마Midigama로 갔다. 빈 장대만 꽂혀 있는 해변. 한낮엔 너무 더워서 올라가지 않나 보다.

다시 숙소 근처로 돌아오는 길 초코우유와 아이스크림을 사 먹으며 가게 아저씨한테 물어보니 코깔라Koggala로 가보라 한다. 장대낚시로 유명한 마을인 미디가마와 아항가마를 지나 더 가야 한다.

스쿠버 다이빙을 하기 위해 숙소를 미리 예약해 놓은 마을, 우나와투나에서 더 가깝다.

"거기서도 천 루피는 줘야 장대에 올라갈 거야."

우나와투나로 숙소를 옮겨서 가 보기로 했다.

버스를 타고 사십분 정도 걸려 도착한 마을의 꼭대기에 예약한 숙소가 있다. 땀으로 목욕을 하며 올라간 숙소는 원숭이와 왕도마뱀, 뱀 기타 등등이 사람보다 많이 출현하는 숲속에서 바다를 내려다보고 있다.

짐을 풀고 코깔라로 향했다. 장대가 곳곳에 보이길래 버스에서 조금 일찍 내려 해변을 따라 걸었다. 장대가 많이 서 있는 해변의 작은 식당에서 볶음밥과 맥주를 시켜 놓고 기다렸다.

한참 전부터 우리를 멀리서 구경하던 아이들 중 한 명이 나에게 오더니 내가 찬 시계가 갖고 싶다고 한다. 망설이다가 아마도 대표로 오지 않았나 싶다.

'나도 니 자전거가 갖고 싶다.'

한참을 기다리다가 식당 아저씨에게 물었다.

"낚시 안 해요?"

"난 안 해. 기다려봐."

잠시 후 관광버스에서 단체 관광객이 내리니 숨어 있던 선수들이 하나 둘 장대에 올라가기 시작한다. 장대 위에서 잠시 낚시대를 드리우고 있으니 실제로 고기가 잡히는데, 잡은 당사자도 깜짝 놀라는 눈치. 촌극에 가깝다. 돈을 두둑이 쥐여 주면 직접 장대에 올라가 낚시를 해 볼 수도 있다.

누구든지 사진을 찍으려면 장대 위의 선수들에게 천 루피를 내야 한다. 우리 앞에 있는 야채 볶음밥이 이백 루피다. 식당 아저씨가, 카메라를 만지작거리며 눈치를 보고 있는 우리에게 지금이라며 슬쩍 고갯짓을 한다. 그렇게 멀리서 건진 사진 한 장.

우나와투나 숙소 근처에 다이빙 센터가 몇 곳 있다.

다이브 마스터 자격을 얻은 후의 첫 다이빙. 평이 나름 좋은 다이빙 센터로 들어갔다. 한 탱크에 25유로로 바로 옆 큰 센터보다 저렴했다. 두 번의 다이빙을 하기로 하고 들어간 바다.

예상은 했지만, 여느 평범한 바다처럼 산호가 많이 죽어 있다. 대자연 앞에서 한없이 나약한 우리 인간들은 바다의 치유력을 믿고 스스로 이겨 내 주기만을 바라고 있을 수밖에 없다.

떠날 채비를 하고 시간이 좀 남아, 숙소에서 가까운 갈레의 식민지 시절 요새, 골 포트Galle Fort를 구경하고 들어와 널어 놓은 빨래를 만져보니 아직 마르질 않았다. 축축한 빨래를 그대로 배낭에 우겨 넣고 버스로 다시 갈레 터미널에 도착, 에어컨이 나오는 미니 버스로 갈아 탔다.

시끄럽고 비싼 콜롬보에서 남쪽으로 조금 떨어진 마운트 라비니아에 숙소를 잡고, 밀린 사진과 짐을 다시 정리했다.

스리랑카. 여행하기 참 좋은 나라다. 이동 수단 좋고, 볼거리 많고, 치안 좋고, 사람들 친절하고. 처음 배낭여행을 계획하는 사람들에게 꼭 추천하고 싶은 스리랑카.

곳곳에서 유창한 한국말로 인사를 건네 오던 스리랑카 아저씨들. 밀양에서 육 년 동안 돈을 모아 가게를 차렸다는 아누라다푸라의 과일 가게 아저씨는 좋지 않은 추억이 많았지만 김치가 너무 그립다고. 스리랑카 하면 예전 코미디 프로의 "한국 사장님 나빠요" 대사가 먼저 생각나지만, 코리아라고 하면 엄지 들고 좋아하는 스리랑카 사람들.

정이 많이 드는 나라다. 눈물 모양의 외딴 섬 못사는 나라가 아닌, 아름다운 인도양의 진주가 되길.

35. 18일간의 몰디브 그리고 만타

콜롬보 공항에서 반가운 대한항공을 탔다. 한국에서 몰디브로 가기 위해 스리랑카를 거치는 비행기. 한국말 하는 우리나라 승무원들을 보니 한국으로 가는 느낌이다.

비행기에는 알콩달콩 커플룩을 입고 며칠간 인생에서 가장 행복할 신혼부부들로 가득하다. 다들 앞으로 펼쳐질 새로운 세상을 두고 무슨 생각들을 할까. 우린 신혼여행을 하며 막연한 세계일주를 꿈꿨었지.

목 늘어난 다이빙 티셔츠(장거리 외출용, 그나마 가장 온전한 티셔츠)를 입은 우리는, 예쁘게 커플룩을 차려 입은 신혼여행 부부들 사이에 껴 앉아, 작은 에메랄드 색의 섬들을 비행기 창에 콧김 흥흥거리며 감상했다.

공항섬에 내려 짐을 찾으면 각자 예약한 리조트의 직원들이 이산가족 찾듯 이름을 맞춰 데려간다. 각각 수상 비행기로, 경비행기로, 스피드 보트로 세상 아름다울 리조트로 사라지면, 배낭 멘 우리만 공항에 덩그러니 남게 된다.

현금인출기를 찾아 지폐마저도 아름다운 몰디브 돈을 인출하고 간단히 요기를 한 후 퍼블릭 페리가 있는 말레섬으로 오백 원짜리 셔틀 페리를 타고 이동했다.

말레섬 선착장까지는 배로 십분 정도 걸리는데, 배낭여행자들이 묵을 수 있는 마푸시 섬까지 가는 페리의 선착장은 섬 반대편에 있다. 5달러를 부르는 택시기사와 4달러에 흥정, 택시를 타고 10분 정도 가면 반대편 퍼블릭 페리(가버먼트 페리) 선착장이 나온다.

그렇게 짐들과 함께 로컬 페리에 올라 1시간 40분 정도를 달리며 뛰어 내리고 싶은 멋진 리조트들을 지나 마푸시 섬에 도착했다.

선착장에서 섬의 반대편까지 걸어서 채 십오분이 안 걸리는 마푸시 섬의 크기. 미리 예약한 숙소는 섬의 중앙에 있다. 1박당 6만 원 정도로, 섬에서 가장 싼 숙소지만 얼마 만의 에어컨인가! 바닥에 모래알 하나 없이 깨끗하게 관리한다. 5성급 리조트 부럽지 않다.

셀 수 없는 다양한 액티비티가 있지만 우리 목적은 무조건 다이빙이다. 네 군데의 다이빙 샵을 둘러보고 비교한 결과, 가장 호감이 가는 곳으로 결정했다.

손님이 없어 큰 배에 우리 둘과 가이드만 탑승했다. 다이빙 포인트를 정하고 브리핑을 끝낸 가이드는 이 섬에 오래 머물며 같이 다이빙을 하자고 한다.

그러고 싶은 마음이 굴뚝같지만 우리 주머니가 많이 얇아졌다.

"이거 써 봤지?" 라며, 조류 걸이를 포켓에 넣어준다.
'아. 날아다니겠구나..'

지금까지의 우리 다이빙 중 가장 신이 났던 다이빙. 샤크, 이글레이, 나폴레옹, 크레이피쉬 등의 주연급 출연자들이 쉴 새 없이 나타나는데, 사진을 찍을 수가 없다. 조류에 날아다니느라.

파란 셀로판지 안경을 쓰고 움직이는 의자에 앉아 있는 듯한 느낌. 조류걸이가 두 번이나 터졌다.

만타 가오리를 가장 쉽게 만날 수 있는 곳 중 한 곳이 몰디브다. 그러나 지금은 만타 시즌이 아니고, 만타를 만나려면 훨씬 남쪽의 섬 근처 클리닝 스테이션을 찾아가야 하는데 그곳에서도 보장할 순 없다고 했다.

우린 더 남쪽으로 내려갈 테니 일단 아쉬움은 접어두고.

숙소에 25달러를 내면 밤낚시를 나갈 수 있다. 잡은 고기로 저녁도 해준다 하니 이 정도 가격이면 나쁘지 않다.

귀한 왕문어를 잘게 잘라 미끼로 사용하는데, 저걸 먹으면 더 배부르고 좋을지 모르겠다는 생각을 잠깐 했다.

사십분 정도 달려 망망대해에서 낚시를 시작한다. 멋진 석양 덕에 낚시에 집중하기 힘든 탓인지 처음엔 입질만 주구장창 느끼다가, 한 시간 정도 지나니 붉은 고기들이 올라오기 시작한다. 귀한 레드 스내퍼들이다.

선무당이 사람 잡는다고 했다. 인희가 가장 많이 잡았다.

가 보고 싶은 섬이 많다.

몰디브는 1,200여 개의 섬으로 이루어져 있고, 얕은 바다에 여러 섬들이 뭉쳐 있는 곳은 상공에서 보면 마치 에메랄드 빛의 큰 섬(아톨, atoll)으로 보인다. 작은 섬마다 단 하나의 리조트가 어마어마한 서비스 정신으로 무장하고 손님들을 기다리고 있겠지만, 배낭을 멘 뚜벅이들은 그런 리조트 섬이 아닌, 현지인들이 사는 섬을 찾아가야 한다.

로컬섬이라 해서 바다가 이쁘지 않은 게 아니다. 같은 바다다.

오히려 손바닥보다 조금 더 작은 섬의 리조트 안에 박혀서 오일을 몸에 바르고 누워 자신의 발가락이 아직 열 개가 남아 있는지 하루 종일 확인하는 일이 영 몸에 맞지 않는 우리에겐 현지인들과 뒤엉킨 로컬섬이 더 알맞다.

보통의 로컬섬은 값 싼 가버먼트 페리가 운항하는데, 날짜와 시간이 영 맞지 않거나 엄청나게 긴 시간을 이동해야 한다면 조금 비싼 스피드 보트를 타야 한다.

우리 역시 마히바두라는 섬에 가기 위해 스피드 보트를 타고 다시 말레를 거쳐야 했다. 마히바두는 사우스 아리아톨(몰디브 남쪽의 섬 무리)의 중심지이다. 학교와 병원, 은행, 교도소(!) 등의 시설이 있다. 만타 가오리를 볼 수 있다는 곳으로 멀리 내려가기 위해 이 섬에서 하루 머물기로 했다.

삼십분이면 섬을 모두 둘러볼 수 있다. 숙소 관리인은 전날 잡았다는 바닷가재 사진을 보여주며 다이빙이나 낚시, 야간 스노클링 등을 제안했지만 어렵게 거절했다. 우린 이제 남쪽에서의 스쿠버 다이빙에 예산을 집중해야 했다.

석양이 멋진 마히바두에서 아쉬운 하루를 보내고 페리를 타고 '디구라'라는 섬으로 이동했다. 섬은 긴- 올챙이 모양인데, 머리 쪽에 모든 주거시설과 학교 등이 모여 있다.

하룻밤만 예약해 둔 숙소에서 용달차를 끌고 항구로 마중을 나왔다. 몇 개 안되는 숙소 중 역시나 섬에서 가장 싼 숙소. 물론 깨끗하고 다 좋은데, 우리 방만 동떨어져 있어서 와이파이가 영 잡히질 않았다.

숙소마다 계약된 다이빙 센터가 있다. 숙소에 다이빙 가격을 물으니, 한 탱크에 74불이란다. 지도에 다이빙 센터가 세 군데 나오니 직접 다녀보겠다고 어렵게 이야기했다.

수영복을 입고 나섰다. 다이빙 센터도 찾을 겸.

걷던 중, 고급스러운 리조트의 마당을 쓸고 있는 종업원에게 물어보니 한 시간이면 섬 끝의 샌드 뱅크에 갈 수 있다고 했다.

해변을 따라 걸었다. 사람이 없다. 마치 이 섬에 소라게들과 우리 밖에 없는 것 같은 착각이 든다.

이슬람 국가의 로컬섬이니 비키니 착용이 가능한 해변의 경계가 확실하다. 우린 검은 경계를 넘자 마자 옷을 모-두 벗어버리고 우리밖엔, 아무도 없는 아름다운 모래섬을 뛰어 다녔다.

어디에서도 할 수 없는 일탈.

물질에 지쳐서 돌아오는 길에 발견한 'BB' 다이빙 센터에 다이빙 가격을 부르니, '부띠끄비치'라는 호텔에 가서 문의해야 한다고 한다. 아까 우리가 길을 물었던 고급 호텔인데..

3박 4일간 아홉 번의 다이빙, 세 끼 식사와 각종 음료 등을 포함, 2인 가격을 1,350불에 제안 받았다. 다른 숙소에서 잠을 자고 다른 다이빙 센터에서 한 탱크 70불의 다이빙, 하루 두 끼 식사비 등을 따져보니 차라리 이 호텔이 더 싸다. 게다가 시설과 음식이 비교가 되질 않으니.

서둘러 짐을 옮겼다. 방의 벽에 떡하니 걸려 있는 만타 가오리 그림. 우린 아직도 물속에서 만나본 적이 없다. 에콰도르 갈라파고스의 보트 위에서 검고 큰 날개를 잠깐 본 것이 전부다.

'우리가 널 만나기 위해 몰디브에 왔다. 이제 만나줘.'

덴마크에서 왔다는, 유쾌한 가이드 메테와의 첫 다이빙. 곧 덴마크로 돌아가 다이빙 강사 시험을 볼 계획이라는 그녀는 우리에게, 왜 덴마크는 여행하지 않았냐며 유럽으로 다시 돌아가야 한다고 한다.

몰디브 전체에서도 손에 꼽히는 매우 아름다운 포인트라는 '쿠다 라틸라'로 제일 먼저 향했다.

지형이 매우 아름답고 어종이 다양했다. 줄어드는 공기 게이지가 그렇게 야속할 수 없다. 노란 스내퍼들이 거대한 강을 만드는 모습은 우리가 본 어느 곳과도 비교 불가했다. 속 시원한 시야, 화려한 경산호와 연산호가 만드는 알록달록한 산과 협곡을 굽이치는 노란 강. 이 중 하나만 있어도 훌륭한 포인트일 텐데, 아기자기하게 모두 갖추었다. 우리가 본 바닷속 중 가장 아름다운 포인트.

두 번째 날.

점심거리를 싣고 고래상어 스노클링을 할 손님들과 함께 배에 올랐다. 다이버들은 다이빙을 하고 그 사이 스노클러들은 스노클링을 하는데, 이동 중 고래상어를 만나면 잽싸게 핀과 스노클을 착용하고 다 같이 뛰어내리게 된다. 먼 바다를 보고 선장이 신호를 주면 모두들 분주하게 핀과 마스크를 착용한다. 배의 시동이 꺼진 후 물속으로 뛰어들면 아름다운 고래상어를 만날 수 있다. 상어의 한 종류지만, 큰 몸에 걸맞게 사람을 봐도 놀라지 않고 유유히 헤엄친다.

이름이 참 정직하다. '고래상어'.

드디어 다이빙 마지막 날이다.

오늘이 지나면 한동안은 다이빙을 못한다는 생각에, 기대 반 아쉬움 반으로 조식을 든든히 먹고 배에 올랐다.

클리닝 스테이션. 물고기들의 목욕탕이다. 이곳은 성수기, 비수기가 없이 크고 작은 고기들이 모두 모여 몸청소를 하는 곳인데, 얼마전 만타 한 마리가 클리닝 스테이션 바로 옆 리프에 죽은 채로 걸려 있는게 발견됐다고 한다. 상어나 오르카 같은 무언가에 공격을 당한 거라면 이곳에 다시는 만타가 오지 않을 거라는 차마 듣기 힘든 말도 들었다.

리프 밖에서 하강하여 역시나 멋진 산호초를 천천히 구경하며 만타 무리가 있을 곳으로 다가갔다.

하얗고 거대한 무언가가 천천히 다가온다.

드디어 만났다.

인희를 부르려고 쳐다보니 인희도 벌써 다른 쪽의 한 마리를 정신 없이 쳐다보고 있다.

모두 열 마리가 머리위를 빙글빙글 돌며 다이버들의 버블을 치며 지나간다. 내 위를 지날 때면 거대한 몸으로 물 밖의 태양을 가려 잠시 어두워지기도 하고.

11미터 수심에서 움직임 없이 바닥에 붙어 있으니 공기소모가 적다. 장장 한 시간 동안 만타들의 우아한 비행을 감상했다. 가끔 신비로움에 가득 찬 인희의 얼굴도 감상하고.

이렇게 우린 물속에서의 소원을 이뤘다.

세계 여행을 하며 다이빙 간판만 보이면 기웃거리던 어복 많던 우린, 보기 힘들다던 대물들을 이 바다 저 바다에서 거의 다 만났는데 유독 만타 가오리만 보지 못했었다. 무언가 모를 마음속의 실타래 뭉치가 한방에 주–욱– 펴지는 느낌.

스쿠버 다이빙. 참 멋지다. 작은 공기통 하나에 의존한 채 다른 생명들의 공간을 염탐하다 보면 지구의 70 퍼센트를 덮고 있는 바다가 얼마나 위대한지, 우리라는 생명체가 얼마나 나약한 존재인지 그리고 물에서 나고, 살고, 먹고, 기뻐하고, 슬퍼하고, 죽는 하나하나의 세상들이 얼마나 작은 우주인지 깨닫게 된다.

스쿠버 다이빙을 하게 된 것은 우리에게 기가 막힌 행운이다.

　씻고 저녁식사를 기다리며 앉아있는데, 사장님과 매니저, 마스터 세
라가 우리 곁으로 오더니 저녁 먹을 준비가 되었냐며 호텔 앞 해변으로
가보라 한다. 매사에 유쾌한 그들이 다 같이 장난치는 줄로만 알았는데,
찰랑찰랑 파도 앞에 우리만의 식탁을 차려 놓았다.

　일 년 육 개월 동안 잠 잘 곳, 먹을 것 찾느라 고생했다고, 무거운 배
낭 메고 다니느라 수고 많았다고. 그리운 사람들 그리워 하느라 애썼다
고, 여기저기서 붙인 정 떼느라 가여웠다고. 그리고 내 배낭이 더 무거우
려고 서로 챙기느라 정말 기특했다고 주는 선물 같았다. 계획보다 많이
길어진 긴– 여행길을 마무리하기에, 몰디브는 더없이 좋다.

　숙소에 들어와 앉은 우린 우리의 마지막 비행을 위해 싱가포르를 거
치는 한국행 비행기 값을 결제했다.

여행을 정리할 시간이 필요했다. 당게티라는 섬으로 가기 위해 페리를 탔다. 직항이 없어, 하루 머물렀던 마히바두를 거쳐야 한다.

당게티에는 병원과 학교가 있고 현지인들이 매우 많아 다른 섬들보다 인구밀도가 매우 높은 섬이다. 섬 한 바퀴 다녀보니 바다는 매우 예쁜데 좀 더 싼 숙소를 찾기가 힘들다. 세금까지 붙으면 80달러 가까이 할 듯한데, 며칠 있기엔 적당하지 않았다.

하룻밤만 묵은 후 아침 일찍 페리를 타고 '항나미두'라는, 근처의 다른 섬으로 이동했다. 저렴한 숙소가 있고 평화롭고 조용하다면 좀 오래 머물기로 했다.

여행 내내 찍은 2테라의 뒤죽박죽 사진 정리가 만만찮다. 사진 정리에 지치면 바다에 나가 스노클을 하고, 바닷가의 편한 흔들의자에 앉아 지난 여행길을 되뇌었다. 온 섬을 우리 리조트 삼아 푹– 쉬며 싱가포르행 비행을 기다렸다.

다시 돌아오지 않을 찰나가 우리 곁을 흐르고 있다. 지난 모든 순간의 모든 공기, 모든 내음, 모든 감각이 조금의 망실 없이 우리 가슴을 채우고 있다.

어쩌면 우리가 주체하지 못할 정도로.
어쩌면 우리의 남은 삶을 지독하게 메워버릴 정도로.

모든 순간이 우리 가슴을 채우고 있다.

36. 마흔 번째 마지막 나라 싱가포르

드디어 우리의 마지막 나라, 싱가포르에 도착했다.

밤 샌 비행.

사람이 없어 세 좌석에 누워 왔는데도 추워서 잠을 통 자지 못하고 둘다 비몽사몽이다. 새벽에 도착하여 심카드를 공항 이층 편의점에서 구매하고 시간을 보내다가 아홉 시 경에 시티셔틀버스를 탔다.

인터넷에서 특가 할인 호텔을 발견하고 예약해 둔 클락키 부근의 호텔. 물론 도미토리에 가면 훨씬 싸지만, 이번 여행의 마지막 숙소이니 좋은 곳에서 마지막 밤을 보내기로 했다.

이곳에 이주해 살고 있는 반가운 친구를 만나 맛있는 저녁을 거하게 얻어 먹었다. 오래간만에 한국말로 그간의 무용담과 수다를 나누니 비로소 케케묵은 긴장이 풀리며 정체 모를 기분에 휩싸였다.

친구와 이별하고 호텔까지 걷는 길이 참 야속하다. 이제 하루 뒤면 한국으로 돌아가야 한다는 생각에, 하루를 마감하고 모든 것을 과거로 밀어 두어야 하는 발걸음이 매우 무겁다.

단순히 한국으로 돌아가는 것이 싫은 것이 아니다. 그저 우리 여행이 당분간은 이어지지 못할 거라는 아쉬움 뿐이다.

이런저런 잡생각. 밤새 제대로 잠을 이루지 못했다. 아침을 컵라면으로 때우고 마지막 '구경'을 위해 호텔을 나섰다.

친구가 일러 준 대로 유명한 음식점에서 점심을 먹고 마리나베이의 스카이파크에 올라가 싱가폴슬링을 마시며 알딸딸한 야경을 감상했다.

싱가포르의 밤은 참 멋지다.

휴일, 싱가포르의 사람들은 밤늦도록 야경과 싱가폴강의 바람을 즐긴다. 열두 시가 넘어도 어깨가 치일 정도로 북적북적하다. 하긴 이 좁은 땅에 오백만이 살고 있으니.. 참 특이하고 재미있는 나라다.

인공의 아름다움이 인조스럽지 않게 살아있는 빛을 내는 싱가포르의 밤. 희로애락의 모든 인생사를 간직한 카지노 안의 얼굴들. 태초의 생명인 듯 발광을 하는 슈퍼트리 밑의 알록달록한 사람들. 밤이 깊을수록 깨어나는 클럽들.

그리고 너무나도 빠른 싱가포르의 시간을 붙잡아 두고 싶은 우리.

떠나는 날. 아니, 돌아가는 날 아침.

오지 않을 것만 같은 날이 왔다. 배낭에 남아있는 맥주를 모두 마셔버리고 우리의 배낭을 '마지막'으로 멨다.

이렇게 우리 여행이 끝났다.

길고 고된 여행길 위에서 우리가 얼마나 위대했는지 그리고 '삶'이라는 더욱 긴 여행길에 내딛을 걸음들이 얼마나 아름다울 것인지, 생각만으로도 끝없이 두근거리리라. 무수히 많은 장면으로 인생의 일부분을 화려하게 장식한 우리에게, 여행이 준 너무나 큰 선물이다.

드디어 사랑하는 사람들이 있는 곳으로 간다.

37. 에필로그 - 여행을 마치며

우리의 41번째 나라, 156번째 마을의 194번째 숙소, '집'에 배낭을 내려 놓았다.

보통의 우리가 일 년 육 개월, 오백 사십 삼일 동안 마흔 네 번의 비행을 하고 쉰 한 번 국경을 넘었다. 체중을 16킬로그램이나 잃었고 대신 검고 가득한 주름을 얻었다.

『80일간의 세계 일주』를 아침만화로 보며 막연한 몽상에 사로잡혔던 어린 아이는 마흔살이 다 되어서야 그 꿈을 이뤘다. 천만다행히 우리에겐 뒤를 쫓는 형사도, 말 많은 하인도 없었고 구출해 내야 할 여인도 없었지만 어릴 적 꿈꾸던 동화 속 이야기보다 더 많은 명장면들을 만들어 냈다.

모든 용기는 사실, 여행을 함께 한 아내로부터 나왔다.

세상에서 가장 훌륭한 여행 동반자 인희와 꿈속에서나 찾아 헤매던 장면을 눈앞에 두고 항상 주고 받던 말,

"이제 우린 그 누구도 부럽지 않고 그 어떤 것도 필요하지 않다."

이번 여행은 여기서 끝났지만,

우린 더 길고 긴 여행의 시작점에 서 있다.

가장 훌륭한 시는 아직 쓰여지지 않았다.

가장 아름다운 노래는 아직 불려지지 않았다.

최고의 날들은 아직 살지 않은 날들.

가장 넓은 바다는 아직 항해되지 않았고

가장 먼 여행은 아직 시작되지 않았다.

어느 길로 가야 할지 더 이상 알 수 없을 때

그때가 비로소 진정한 여행의 시작이다.

나짐 히크메트 [진정한 여행] 중

보통의 우리가 여행하는법

초 판 1 쇄 2021년 11월 19일
초 판 2 쇄 2021년 12월 15일
지 은 이 김기호
펴 낸 곳 하모니북

출판등록 2018년 5월 2일 제 2018-0000-68호
이 메 일 harmony.book1@gmail.com
전화번호 02-2671-5663
팩   스 02-2671-5662

979-11-6747-019-5 03980
ⓒ 김기호, 2021, Printed in Korea

값 22,000원

이 도서의 국립중앙도서관 출판예정도서목록(CIP)은 서지정보유통지원시스템 홈페이지(http://seoji.nl.go.kr)와
국가자료공동목록시스템(http://www.nl.go.kr/kolisnet)에서 이용하실 수 있습니다.